極楽ハイブリッドカー
運転術

究極のエコドライブを始めよう

島下泰久

目次

第3章　F1だってハイブリッド!?　65

ここまで進んでいる世界のエコカー事情

第4章　エコドライブは楽しい　91

エゴドライブにならないために

島下泰久
しましたやすひさ

1972年生まれ。自動車専門誌スタッフを経て、1996年よりフリーランスに。
現在は自動車専門誌、一般誌、webサイトなどで、走行性能だけでなく
先進環境・安全技術、ブランド論、運転等々クルマを取り巻く
あらゆる社会事象を守備範囲とした執筆活動のほか、テレビやラジオへの出演、
またエコ&セーフティドライブなどをテーマとする講演なども行っている。

A.J.A.J.（日本自動車ジャーナリスト協会）会員。
日本カー・オブ・ザ・イヤー2009-2010　選考委員。

著書に『極楽ガソリンダイエット』（小社刊）。

はじめに

始めよう、ハイブリッドカー時代のエコドライブ

トヨタ・プリウス、ホンダ・インサイトの登場で、
クルマの燃費に関する常識が変わった

■ホンダ・インサイトの衝撃！

いよいよ、日本は本格的エコカー時代に突入します！

主役はハイブリッド車。ガソリンエンジンに電気モーターを組み合わせて、互いの長所を活かしながら走る高効率な自動車が、ついに日本の、いや世界の自動車市場の主役の座へと躍り出たのです！

もはやハイブリッド車以外はクルマにあらず……とまでは言わないものの、少なくとも最近、クルマ周辺で話題に上るテーマの中でもポジティブなものと言えば、ハイブリッド車に関するものしかない。そんな状況になっています。

まず今年2009年最初の話題が、189万円からという従来のハイブリッド車に較べて断然リーズナブルな価格で登場したホンダのインサイト。そのセンセーショナルな値づけのおかげで、2009年1月のデビュー以来、売れ行きは快調そのもので、4月にはついにハイブリッド車として初めて国内月間登録台数1位の座を獲得します。

続いて話題を呼んだのが、3月に発表されたレクサスRXです。これまでセダンが主力だったレクサスにとって初めてのSUV（スポーツ・ユーティリティー・ヴィークル＝スポーツ用多目的車）となるRXは、発表から1か月で約2千500台を受注する上々の滑り出しを見せます。

そして注目すべきは、通常のガソリンエンジンを積むRX350とハイブリッド車のRX450hの2種類のラインナップのうち、ハイブリッドの後者が実に1千台を占めたことです。実際に発売されるまでにはしばしの間があり、しかも車両価格にも同グレードで最低85万円の差があります。にもかかわらずハイブリッド仕様がこれほど高い受注比率を占めたのは、開発陣にとっても予想を超えるものだったと言います。

■トヨタ・プリウスの衝撃!!

そして、なんといっても最大のニュースとなったのが、まさにハイブリッド車の先駆者であるトヨタ・プリウスの通算3世代目となる新型のデビューです。この新型プリウス、まずひとつ目の驚きはその燃費性能です。10・15モードによるガソリン1リッターあたりの走行距離は、実に38・0km。旧型の35・5kmをさらに上回ってみせました。

しかし何より驚かせたのは、その車両価格です。エントリーグレードの車両価格は、なんと205万円。旧型よりも大幅に性能を向上させ、快適装備も安全装備も充実させながら、大幅な価格ダウンを実現していたのです。

しかも、この価格はホンダ・インサイトに同等の安全装備をプラスしたものをも下回っているのだから驚きはひとしおです。燃費はインサイトが10・15モードで30・0㎞／ℓですから新型プリウスの圧勝。室内は広く、装備は充実していて、しかも安いのですから……。トヨタによるインサイト潰し——そんなことも言われるほどですが、話はそこに留まらず、プリウスはまさにクルマの価格の常識をぶち壊したと言っても過言ではないでしょう。

そんなプリウスがヒット作とならないわけがありません。実際、その性能や価格は発売前から大いに噂になっていて、先行受注の勢いは加速。発表日にはすでに8万台の予約受注を抱えるほどの大フィーバーとなりました。

すでに、日本は本格的エコカー時代に突入してしまった。もしかすると、そう言い切ってしまっていいのかもしれません。なにしろ今、日本で売れているクルマの上位は、ハイブリッド車で占められるようになったのですから。クルマの燃費に関する常識が、これからはきっと大きく変わっていく。それは間違いないと言えるでしょう。

■燃費が50㎞／ℓ？

プリウス、インサイトをはじめとするハイブリッド車について語られる時、もっとも大きくフィーチャーされるのが燃費、経済性という要素です。もちろん、燃費性能の高さこそが、ハイブリッド車の最大の目的であり特徴なのですから、それも当然ではありますが、しかしあえて言うならば、その風潮は最近やや過熱気味という気もしてしまいます。

たとえば新型プリウス。クルマ好きの方の中にはご存知の方も少なくないと思いますが、その正式発表を前に行なわれた報道関係者向けのプロトタイプの試乗会に関するレポート記事が、早い段階から雑誌やインターネットなど多くの媒体に掲載されていました。そして、そのいくつかの中では「リッターあたり50㎞を達成!」といったように、テストコース内での燃費を誇るものも見受けられました。これには大きな期待を抱いた方も多いことでしょう。

しかしながら実際の使用環境の中では、こうした途方もなく優れた燃費を叩き出すのは、容易なことではないはずです。テストコースは、あくまでもクローズドの空間。信号もなく交通量も少ない、燃費を稼ぐには理想的なお膳立てがなされていたのです。実際に街中の道を走って、誰もが日常的にそうした燃費を実現するのは、ほぼ不可能と言っていいでしょう。

いや、不可能だというだけではありません。もしも、そうした常識外れなまでの好燃費を実現しようとしたならば、アナタは優れた燃費と引き換えに、世間や社会に対して多くの迷惑をかけることになるかもしれないのです。

一体どういうことかって? エコドライブは、一人でできるものではありません。交通社会全体を見据えた、〝本当の〟エコドライブ法があるんです。

それは……。

いや、詳しくは後で触れることにします。まずは、新しいプリウス・インサイトの比較テストの結果から報告することにしましょう。

第1章

プリウスvs インサイト 燃費比較

市街地・高速道路で徹底テスト

ロング、ショート、2パターンの一般道コースを走行し、
本当の燃費性能の実力を検証

■50km／ℓは本当に可能か？

新型プリウスの燃費性能のメーカー公表値は、10・15モードで38・0km／ℓという驚異的なものです。トヨタのミドルサイズセダン、プレミオの1・5ℓモデルが18・0km／ℓなのだから、同じだけの燃料で2倍以上の距離を走ることができるということになります。

プレミオだって決して燃費の良くないクルマではありません。むしろ同クラスの中では優れているほうだと言えるでしょう。しかし新型プリウスは、そのプレミオの2倍を優に上回る距離を走ることが可能なのです。ハイブリッドシステムの力、まさに恐るべし。

と、そこまで言っておいてナンですが、この10・15モード燃費の数字は、必ずしも実際の走行状況を100％反映したものではありません。むしろ実際の燃費はこの10・15モードの2〜3割は良くない。そんな風に考えるのが一般的と言えます。

それは10・15モードの計測方法が、今の時代のクルマの使われ方に合致していないからにほかなりません。そんな声に応えるかたちで、今後は新たな計測モードを用いたJC08モードという数値が、燃費表示のスタンダードとなります。もちろん、それでもまだ実際の数値からは離れているというのが本当のところですが、ある程度はリアリティのあるものに近づいているとは言っていいかもしれません。ちなみに、このJC08モードでの新型プリウスの燃費は、

32・6km／ℓとなります。

ところが、この新型プリウスの発表前に行われた、報道関係者向けのプロトタイプ試乗会について記された記事を見ると、「リッターあたり50km走行を達成！」など驚愕の燃費数値をアピールするものが多数見受けられました。これまでの常識で考えれば、10・15モードの燃費を実走行の燃費が上回ることは、まず考えられません。しかし報道によれば、プリウスはテストコースにて見事、こうした常識外れの燃費を実現したというのです。これは尋常なことではありません。

果たして新型プリウスは、本当にこうした驚異的な燃費を叩き出すことができるのでしょうか？ そして他のハイブリッド車はどうなのでしょうか？ やはりカタログ数値以上の燃費を記録することは可能なのでしょうか？ 実際に一般道にて試してみることにしました。

新旧プリウスとインサイトを長短2ルートでテスト

クルマは3台を用意しました。新型トヨタ・プリウスのベースモデルであるLと、ホンダ・インサイトのやはりベースモデルとなるG。そして特別に今後はプリウスEXとして販売される旧型プリウスのGツーリングセレクションも揃えました。ちなみにこの旧型プリウスはすで

近郊ルート

東京・五反田から中原街道、国道1号線で横浜へ。新山下ランプから首都高速に乗って芝浦ランプで降り、五反田に戻る。約66km。

計測は2回行い、1回目は、周囲の状況を顧みずひたすら低燃費を求める乗り方＜燃費モード＞。2回目は、交通の流れを阻害しないように配慮しながら無駄のない走りを追求する乗り方＜"正しい運転"モード＞でテストした。

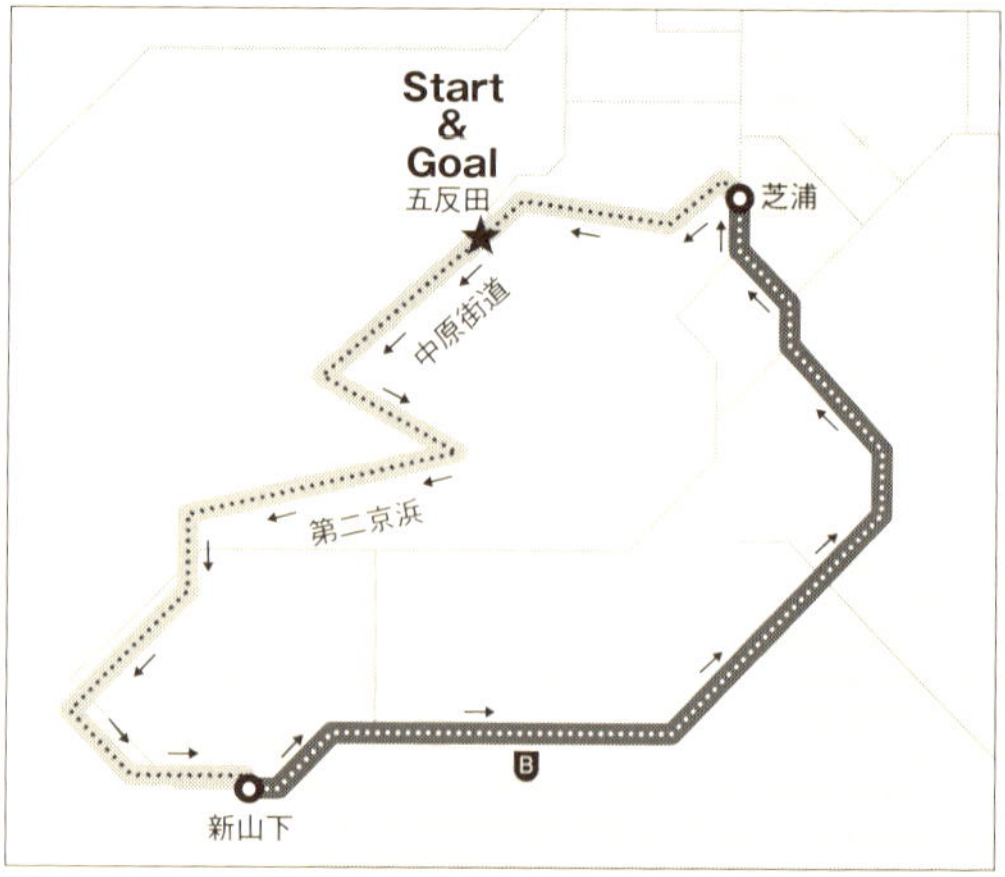

長距離ルート

東京・渋谷を出発し、初台ランプから首都高速中央環状線に乗る。5号池袋線、6号三郷線を経て常磐自動車道に入り岩間ICへ。すぐにUターンして同じルートを通って渋谷に戻る。約220km。運転方法は、＜"正しい運転"モード＞。

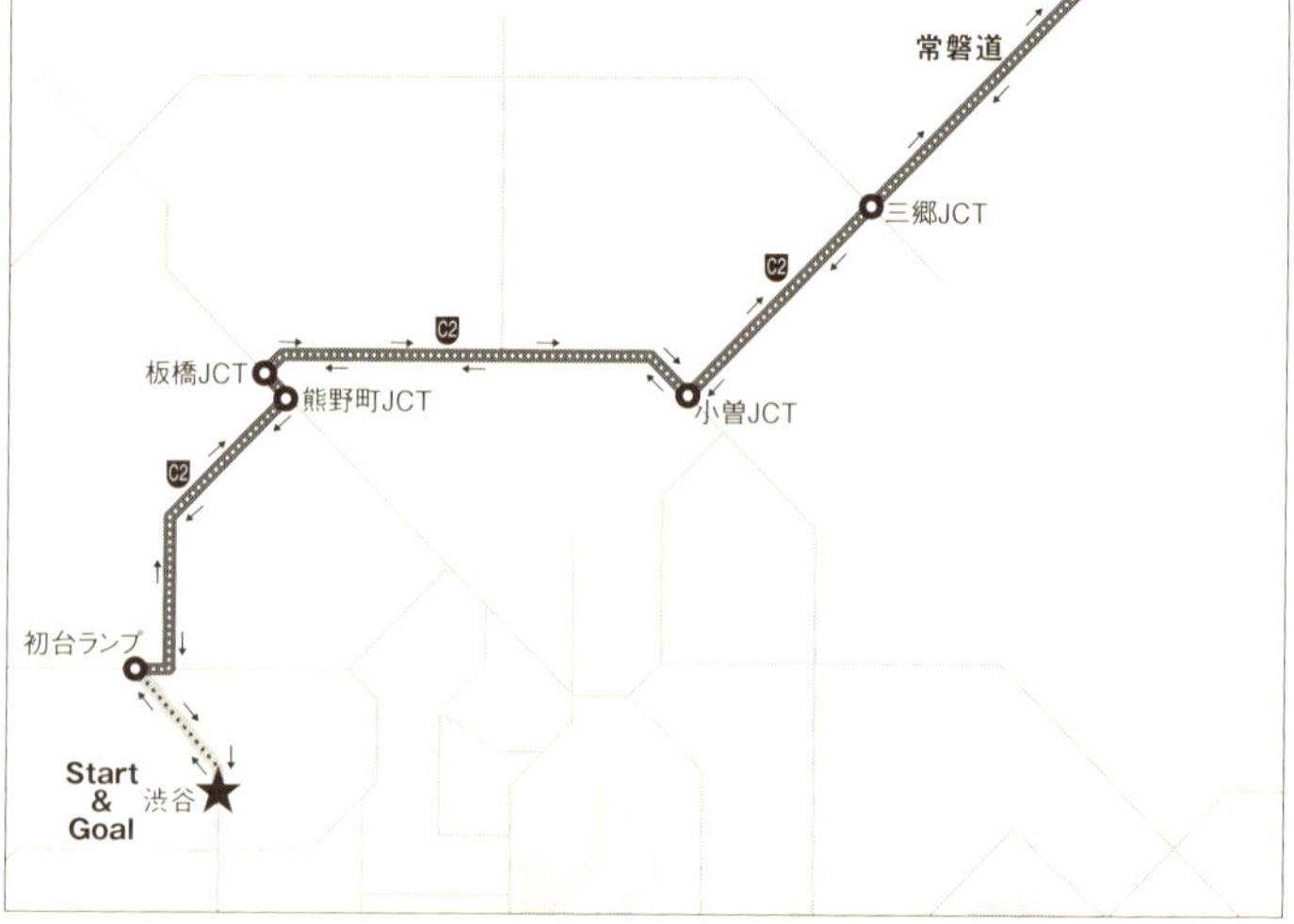

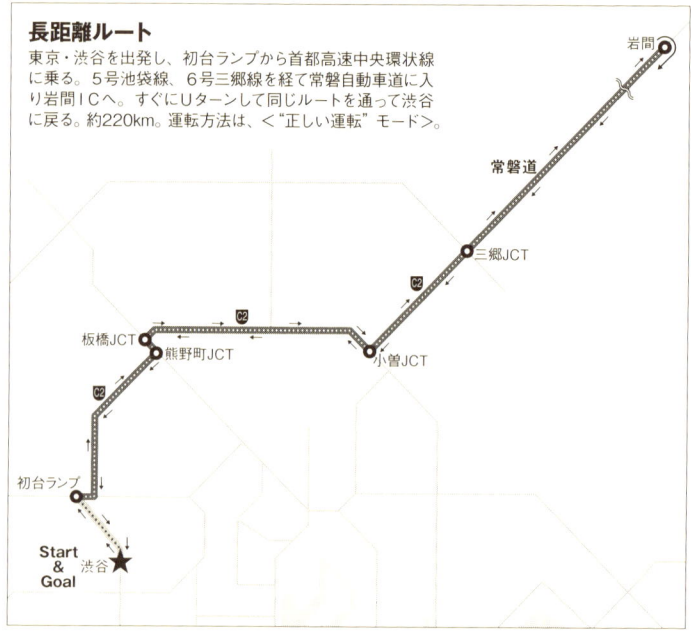

に走行10万kmを超えたユーザー車です。

テストを行ったのはふたつのコース。まず近郊ルートは東京都品川区を起点に一般道で神奈川県横浜市まで行き、首都高速道路でスタート地点まで戻るという一般ユーザーの普段の使い方を意識した道のりで、距離は約66kmです。

続いては長距離ルート。こちらは東京都渋谷区を起点に首都高速を経て常磐自動車道で茨城県の岩間ICまで行って引き返し、途中つくば市で軽く寄り道をしつつ、また同じ道のりで渋谷区まで戻るルートを設定しました。距離はざっと220km。こちらは基本的に法定速度に則ったペースで、特に燃費を強くは意識せずにあくまで普通に走らせてテストを行いました。こちらは新型プリウスとインサイトの2台だけで燃費を計測しています。

お断りしておきますが、以後記載する燃費データは基本的に車載の燃費計を参考にしています。距離計の誤差などは修正していませんが、ほかに満タン法でも計測した結果から十分に信頼に足るものと見て採用したものです。

■新型プリウスは正常進化

まずはやはりこのクルマからテストするしかないでしょう。この5月に登場するや予約殺到で納車まで数か月待ちとなってしまった新型トヨタ・プリウスです。

すでにハイブリッド車の代名詞と言える存在感を確立しているプリウスの3世代目は、まさに正常進化と言える内容で登場しました。空力特性の向上や居住性の改善などもポイントですが、注目はやはりハイブリッドシステムの進化、そして燃費でしょう。

システムの根幹はTHSⅡと呼ばれる先代プリウスで使われたものを引き続き使用していますが、実際には共用部分はほとんどありません。まずエンジンは先代の1・5ℓから1・8ℓへと拡大され最高出力は23psアップの99psに。組み合わされる電気モーターも2段階切替えのリダクションギア付きとされ、68psから82psへと出力を向上させています。システム全体の最高出力は26ps増しの136psです。またTHSⅡの特徴として、電気モーターのほかにジェネレーターも1基備わっています。つまり電気モーターを走行に使いながら、同時に充電もできるということです。

エンジンの大型化で出力がアップし、それは高速走行時のエンジン回転数を下げることにも繋がっています。また機械的損失を減らすための電動ウォーターポンプ、排気熱を利用して暖気時間を短縮する排気熱回収システムなどを採用することで、10・15モードで38・0㎞／ℓと

トヨタ・プリウス

いう驚異的な低燃費を実現しています。

ほかにも電気モーターだけで約２㎞の走行が可能なＥＶモード、スロットル開度などを調整するエコドライブモードの搭載、エネルギーロスを低減した新エアコン等々、細部に至るまで低燃費実現のための叡智が注がれています。オプション設定された、太陽光発電で得たエネルギーで室内換気を行うソーラーベンチレーションシステムも注目です。しかも新型プリウス、価格も衝撃的でした。これだけ性能アップを果たし、安全装備などを充実させていながら、車両価格は先代より30万円近くも安い２０５万円からという設定だったのです。

■先代より力強さを増した新型プリウス

早速、新型プリウスに乗り込み、まずは近郊ルートで燃費重視のテストを敢行します。「ＳＴＡＲＴ」ボタンを押すとエコドライブモニターに起動メッセージが表示されるものの、これまでと同様、エンジンはまだ始動しません。なお、テストはすべてエコドライブモードで行いました。エレクトロシフトマチックをＤレンジに入れて、いよいよスタートです。

発進はゆっくりと。電気モーターの力で出足は悪くありませんが、その後の加速は右足に力を入れるとすぐにエンジンが始動してしまうので、慎重に行います。しかしエンジンがかからないようにと意識すると加速は緩慢で、後続車のイライラが伝わるようだ……と思うのは、被害妄想かもしれませんが。

制限速度まで達しそうになったら、ゆっくりアクセルを緩めて巡航させます。ハイブリッドシステムインジケーター内のエコドライブモニターを見ながら、バーグラフが「エコエリア」をはみ出さないよう、できる限りバーが短くなるよう右足を調整。慎重に走りますが、なにぶん道路には起伏があるため、上り勾配になれば途端に速度が落ちてしまいます。しかし一気に踏み込むとバーグラフが「パワーエリア」に入ってしまうので、ガマンしてできるだけアクセルを一定に、しかしじわじわ加速。逆に下り勾配では右足をすぐに離して惰性でクルマを転がします。

先代プリウスと較べると、力強さが高まっていることは確かです。上り勾配でアクセルを踏み増す時も、バーグラフが「パワーモード」まで達することはほとんどなし。つまり全開にしなくても十分な加速力を得られる場面が多くなっているのです。

走行中はできるだけ視線を前方遠くに据えて、信号が赤になったりクルマの流れが悪くなっ

新型プリウスのテスト結果

近郊ルート　約66km		
1回目 燃費モード	燃費	32.4km/ℓ
	所要時間	2時間11分
2回目 "正しい運転"モード	燃費	28.5km/ℓ（−3.9km/ℓ）
	所要時間	1時間39分（−34分）
長距離ルート　約220km		
	燃費	28.8km/ℓ
	所要時間	3時間15分

たりしたら、すぐにアクセルペダルから右足を浮かせます。こうしている限りエンジンは燃料を噴射しないので、燃費に如実に効いてくるのです。

周囲の状況に注意を払いながら、エコドライブモニターにも目をやり、右足を繊細にコントロールしていると相当疲れます。右足はつりそうになるし、何より後続車の視線が怖い。イヤな汗が出てきます。

巷で話題のさまざまなテクニックも活用してみました。下り勾配や信号停止時にはエレクトロシフトマチックをNレンジへ入れてエンジンを停止させ、上り勾配や発進時にはEVモードを活用。クルマにとって一番エネルギーが必要なのは、静止している状態から動き出す瞬間、そしてその後の速度が乗るまでの加速です。ハイブリッド車は、ここを電気モーターでアシストするのが低燃費のひとつの要因なのですが、さらに進めて、自動的に解除されるまで可能な限り長くEVモードで電気モーターだけで走らせてしまおうというわけです。

JC08モードに匹敵する燃費32・4km/ℓを達成

走り全体の印象についても記しておきましょう。システムの基本が一緒なだけに、予想通り全体的な感触は先代とよく似通ったものだと言えます。エンジンと電気モーターの協調、あるいは切り替えはごくスムーズ。しかし、不快感はないけれど特別感とでも言うべきハイブリッドならではのドライビング感覚、たとえば電気モーターでの走行の滑らかさやエンジンと協調した時の力強いトルクなどの個性は相変わらず濃厚に備わっています。

走行中の騒音レベルが下がったのも印象的です。車体設計の進化もあるのでしょうが、排気量を拡大した分、特に高速道路ではエンジン回転数が全体に低下しているのでしょう。

一方、回生ブレーキと油圧ブレーキを組み合わせたブレーキが慣れるまではギクシャクしがちなのも、またステアリングの感触が曖昧で掌に伝わる感触だけではどこを向いているのか今イチ掴みにくいのも変わりません。それにしても、何でこんなにグルグル回るステアリングを、楕円にしてしまうのでしょうか？

走行安定性自体は確実に高まっています。特に高速道路での安心感はグッと向上。首都高速道路のようなコーナーの連続でも覚束なさはありません。ただ、本当にその向上ぶりを感じられるのは今回テストしたL以外のグレード。Lはサスペンションやタイヤ、ステアリング周辺などが別仕様で、走りのクオリティが他のグレードよりちょっと落ちるのです。

そんな走りを続けて、ようやくゴール。果たして結果はと言えば、燃費は何と32・4㎞／ℓ！10・15モードには及ばずともJC08モードにほぼ匹敵する数値を達成しました。所要時間は

2時間11分。しかし相当に疲れたことは事実です。一方、長距離コースでの燃費は28・8㎞／ℓでした。これも十分以上に優秀な数値です。所要時間は3時間15分です。

■〝売れるハイブリッド〟を目指したインサイト

ハイブリッド車をめぐる〝TH（トヨタ／ホンダ）戦争〟を仕掛けたのが、今年2月に登場したホンダ・インサイトです。ホンダはこれまでも初代インサイト、そしてシビックハイブリッドと、トヨタと並んでハイブリッド車を積極的に手掛けてきましたが、セールスの面では、あまりふるいませんでした。インサイトは、その反省を活かした〝売れる〟ハイブリッド車を目指して開発されたクルマだと言えます。

まず、そのボディは専用設計の、しかも使い勝手の良い5ドアハッチバックとされました。プリウスとまんま同じ路線ですが、世間のハイブリッド車に対するイメージからすれば、わかりやすいのはマルでしょう。またインサイトは全幅を1695㎜に抑えた5ナンバーサイズなのも、取り回しを考えると大きなメリットと言えます。

ホンダ・インサイト

ハイブリッドシステムは、ホンダお得意のＩＭＡ。最高出力88psの１・３ℓエンジンとＣＶＴ（無段変速機）の間に最高出力14psの薄型モーターを挟み込んでいます。トヨタのＴＨＳⅡがエンジンと電気モーターをその時々で最良の割合で使うとすると、ホンダのＩＭＡはあくまでエンジンを主体に電気モーターはアシスト役となるというのが大きな違い。構造もシンプルで小型・軽量。インサイトのコンパクトさは、ＩＭＡならではとも言えます。

一方で、そのシンプルな構造ゆえに走行中のエンジン停止はできず、また、減速中以外には充電ができないなど、複雑な制御は苦手です。デメリットを打ち消すべく、減速中のエンジン気筒休止システムなども併用していますが、それでも10・15モード燃費は30㎞／ℓ、ＪＣ08モードでは26・０㎞／ℓと、シビックハイブリッドをわずかに上回る程度です。

ホンダ車ではすでにお馴染みのＥＣＯＮ（イーコン）モードも備わります。これはアクセルの反応を弱くし、ＣＶＴのギア比の変化を緩やかにし、回生ブレーキの効きを強め、エアコンも内気循環を多くしたり風量を抑えるなど制御を変更して燃費を向上させるもの。

インサイトの最大の特徴は、何と言っても価格の安さでしょう。今回のテスト車でもあるベースモデルのＧは車両価格１８９万円と、これまでのハイブリッド車の相場からするとグッと低く設定されました。なにしろこの数字は、同社のシビックハイブリッド、そして先代プリウスより約30万円も安価なのです。もっともこの価格の優位性は、新型プリウスの価格破壊によって失われてしまいましたが。新型プリウスLに標準で備わる横滑り防止装置（トヨタ：S－VSC、ホンダ：VSA）、サイド&カーテンエアバッグをつけるだけで、値段はほぼイーブンになってしまいます。しかも新型プリウスは、広く、燃費も良いのです。

■「コーチング機能」で好燃費をアシスト

インサイトも、基本はECONモードで走らせます。ステアリングコラムのスイッチをひねるとシステムが起動します。しかしすぐにエンジンが始動するわけではありません。アイドリングストップ機構が備わるため停止中にはエンジンを停止できます。

しかしセレクターレバーをDレンジに入れてブレーキペダルから足を離すとエンジンが始動し、発進はエンジンを主体にモーターがアシストするかたちで行われます。このエンジン始動時のタイムラグと振動は、やや大きめです。

低速走行中はエンジンを気筒休止させることで実質的に電気モーターだけでの走行が可能です。しかしモーター出力が小さいため渋滞時など以外は、ほとんどエンジンはかかりっぱなしだと言っていいでしょう。アクセルを軽く踏み込むと即座にエンジンが始動します。

プリウスのように複雑なパラメーターはないので、運転操作によって燃費を引き出しにくいのは事実です。しかし、これは誰がどう乗っても大きな差はないと言い換えることもできます。それでも基本的には、できるだけアクセルを踏み込まないでゆっくり加速するほうが燃費には良いと言っていいでしょう。

その助けとなるのがインサイト独自の「コーチング機能」です。燃費の良い運転、比較的燃費の良い運転、燃費が悪い運転を、アンビエントメーター背後の色を緑、青緑、青と変えることで直感的に示すこの機能を、マルチインフォメーションディスプレイ内のエコドライブバーによって引き出して走れば、一層の省燃費を期待できます。しかし、このエコドライブバー、燃費に良いクリアゾーンの中で走ろうとすると、加速などはかなりゆっくりとしたものにならざるを得ません。エンジンもモーターも小さいせいもあって、プリウスほどの余裕はないのでしょう。しかし街中でも流れによっては頻繁にクリアゾーンを超えてしまうので、精神衛生上あまり良くはありません。

トータルの燃費を重視するならば、むしろアンビエントメーターの色を強く意識するほうがいいかもしれません。緑ならいいというわけではなく、青緑の状態で早めに速度を上げて、なるべく早く緑の状態で巡航するのがポイント。CVTを使っているインサイトは、スピードに乗った段階でアクセルを緩めていくことで、エンジン回転数を低く下げていくことができます。このあたりはハイブリッド車特有のものではなく、ガソリン車のCVT車の運転とほとんど変わりません。右足にはできるだけ力を入れず巡航状態に入ります。

ちなみにアンビエントメーターの色は、走行後に表示されるＥＣＯスコアが高くなると、徐々に判定が厳しくなってきます。初心者なら緑となる領域でも、中級者以上には青緑でしかないということがあるのです。つまり、走れば走るほど燃費走行を磨けるわけです。

回生ブレーキと通常のブレーキの協調ぶりはプリウスと較べるとちょっと雑。新型とではなく先代プリウスとの比較でも、ペダルタッチの違和感は強めです。そしてクルマが完全に停止するとアイドリングストップするのですが、ここでもインサイトの場合、いくつか注意が必要となります。

ＥＣＯＮモードの場合、ドライバーは燃費を重視していると判断されてエアコンの動作は最小限に留められます。春や秋ならばいいのですが、夏にはちょっと問題です。アイドリングストップすると、エアコンもファンは回っていてもコンプレッサーは止まってしまいます。陽射しの強い日にはあっという間に室内の温度が上がり、すぐに汗ばんできてしまうのです。テストした5月でもこうなのですから、夏場はＥＣＯＮモードは使えないでしょう。

ＥＣＯＮモードオフの場合は、エアコンの設定によってアイドリングストップするか否かが変わります。夏にあまり低い温度に設定していると、室内を冷やすためにエアコンは切れず、エンジンも停止しません。燃費を考えると、温度も微妙な設定が必要になるわけです。

軽快、スポーティな走りで、22・3㎞／ℓ

インサイトについても、他の走りに関する部分の印象を簡単に記しておきましょう。走りの面で印象的なのは、動きが軽いということです。実際に車重が軽いせいもあるのですが、軽快でスポーティな走りはホンダ車らしいと言えると思います。

しかし一方で、乗り心地はサスペンションのせいかタイヤのせいか、はたまた他の要因もあるのか、全体に突っ張って硬く、とても快適とは言えません。しっとり感、上質なテイストといったものとは縁遠いこの感覚は、普段使いでのインサイトの大きな、無視できないネガと言えるでしょう。

また、基本的にEV走行のできないシステム構成からすれば仕方がないのですが、全体にハイブリッド車ならではの美味しさ、特別感が薄いのも残念なポイントです。違和感がないという言い方もできるのかもしれませんが、ハイブリッド車に対する世間の期待値からすると、違いがアイドリングストップだけでは寂しい気がします。

インサイトのテスト結果

近郊ルート　約66km		
1回目 燃費モード	燃費	22.3km/ℓ
	所要時間	1時間59分
2回目 “正しい運転”モード	燃費	19.2km/ℓ（−3.1km/ℓ）
	所要時間	1時間36分（−23分）
長距離ルート　約220km		
	燃費	23.3km/ℓ
	所要時間	2時間49分

さてこのインサイト、近郊コースでの燃費は22・3km／ℓを記録しました。所要時間は1時間59分。プリウスより速かったのは流れの問題で、走行速度はそれほど差はないはずです。しかし、いずれにしてもこちらも大変だったのは間違いありません。ゆっくり走るのはともかく、やはり発進のもどかしさ、追い越しでアクセルを踏み込めないつらさは、運転から楽しみを奪い、単なる作業に変えてしまったという気すらしました。おそらく周囲のクルマにとっても、ちょっと邪魔に思えたに違いありません。

一方、長距離コースでの燃費は23・3km／ℓ、所要時間は2時間49分でした。高速道路の比率が高いほうが燃費が良いのは、つまりインサイトが、ブレーキ回生、アイドリングストップなどの力でストップ＆ゴーの中で高効率を実現するプリウスに較べると普通のクルマに近い特性をもっていると考えることができるでしょう。

■今後も販売が継続される先代プリウス

今回は参考のために先代プリウスのテストも行いましたので、簡単に報告しておきたいと思います。

2003年9月にデビューした先代プリウスは、世界初の量産ハイブリッド乗用車である初代の精神を発展させ、さらなる革新性を追求したモデルです。ハイブリッド車を一般的な存在としたのは、まさにこの2世代目プリウスの功績と言えるでしょう。

ボディが初代の4ドアセダンから5ドアハッチバックに変更されたのは空力特性を追求するため。独創的なフォルムのボディには可変電圧システムによってモーターの高出力・高効率化を達成したTHSⅡと呼ばれる新しいハイブリッドシステムが搭載されていました。

最高出力は1・5ℓのエンジンが77ps、電気モーターが68psで、システム全体では110ps。そして燃費は10・15モードで35・5km／ℓ、JC08モードで29・6km／ℓ。初代が10・15モードで28・0km／ℓでしたから、大幅な進化を実現していたのです。

カメラからの映像をもとに駐車位置を設定するだけで自動ステアリング操作での車庫入れを可能にしたインテリジェントパーキングアシストや、VSC（横滑り防止装置）と電動パワーステアリングを協調制御したS-VSCなど、斬新な装備も充実していました。

プリウスは新型へと移行しましたが、この先代モデルもEXの名を得て今後も販売が継続されます。価格はホンダ・インサイトと同じ189万円。1・5ℓエンジンによる自動車税の安さとあわせて主に法人向けとして訴求されるようです。

■10万キロ走行の2代目プリウスが24・7km／ℓを記録

新型プリウスはこの2代目の発展型であるだけに、走りの基本的な感触はとても似通っています。ただし、システム出力が低いだけに力の余裕では新型に譲り、発進時も加速時もアクセルペダルは気持ち多めに踏まなければならないという印象。特に上り勾配で速度が低下してきた時などは、意識して踏み込んでやらなければいけません。感覚としては、新型プリウスのエコドライブモードより多少元気かな？といったところでしょうか。

燃費を狙って走らせる場合には、このあたりのことを頭に入れておいたほうがいいでしょう。新型ほどは力強くないということは、漫然と走っているとペースが下がり気味だということ。高速道路でも、気を抜いていると速度が落ちてきていたということが何度かありました。エンジン音がそれなりに聞こえてくるため、感覚としては走らせている気分になること、そしてそのエンジン音などクルマ側からのインフォメーションが乏しく、速度感覚とうまくリンクしないことなどが、その要因。ひとりならともかく、交通量の多いと

旧型プリウスのテスト結果

近郊ルート　約66km		
1回目 燃費モード	燃費	24.7km/ℓ
	所要時間	2時間4分
2回目 “正しい運転”モード	燃費	21.7km/ℓ（－3.0km/ℓ）
	所要時間	1時間58分（－6分）

ころでは、度が過ぎると周囲の交通の流れを妨げてしまいそうです。

新型のところで触れたプリウスならではのテクニックは、この先代モデルのほうが効果がハッキリ出るかもしれません。たとえば発進や上り勾配でのEVモードの活用は、より効果的な印象です。ただし、使い過ぎるとすぐにバッテリーの充電量が空になってしまうのがタマに傷。頼りになるし頼りたいけれど、あまり頼ってはいられないのです。その他の部分では、静粛性や高速安定性といった部分には、やはり不満が感じられます。

しかしながら比較対象をインサイトに置くと、先代プリウスは相当善戦していると感じられるのも事実です。アイドリングストップ状態でブレーキペダルから足を離してエンジンがかかるまでのタイムラグや始動時の振動や、ブレーキのタッチといった部分で、走行10万kmを過ぎた先代プリウスの方がインサイトより明らかに洗練されているのです。

肝心な燃費は、近郊コースで24・7km／ℓでした。所要時間は2時間4分。インサイトより4％ほど長くかかっていますが、燃費は逆に約11％上回りました。何度も書きますが、走行10万km超の個体です。これは十分に立派ではないでしょうか？

■渋滞を生む50㎞／ℓ走行なんていらない

「リッターあたり50㎞」みたいな好結果は出せませんでしたが、それは当然でしょう。普段の走行パターンを模したにせよ、信号がなく他のクルマもほとんど走っていないテストコースでのデータは参考にすぎません。それを知っていてか知らないでか、数値だけを独り歩きさせてしまうような報告をするのは、ちょっと感心できないというのが正直なところです。皆がリッターあたり50㎞の走行が可能だと思って、一般道でそれを実践し出したらどうなるかと考えれば、そういう〝煽り〟はするべきではないと思うのです。

実際、今回は燃費狙いで一般道では限界の、かなり無理な走りをしてしまいました。発進はそろりとゆっくり。加速は一定の加速度を保ちながらも決して速くはなく、巡航はすべて法定速度をわずかに下回る速度。前方の交通の流れによっては、かなり早い段階からアクセルオフで惰性で転がしていました。ブレーキランプが点くこともなく、前のクルマがじわじわ速度を落としていくのは、後続車としては気分は良くないでしょう。もちろん完璧に合法ではありますす。しかし実際の交通の流れを考えれば迷惑きわまりなかったのは事実です。

結果として、確かにそれなりに良い燃費を記録することはできました。特に新型プリウスの近郊ルートの結果は衝撃的なものですが、いずれもリッターあたり20㎞以上を優にたたき出しているのです。しかし、ここまで周りを顧みずに自分のクルマだけの燃費を追求する走りは、決して勧められるものではありません。

自分さえ良ければいいという走り方は、自分のクルマの燃費を向上させる引き換えに、周囲の多くのクルマの燃費に犠牲を強いているはずです。せっかくのハイブリッド車、それでは意味がないと思いませんか？

渋滞は他人事ではありません。道はすべて繋がっているのです。自分のつくった渋滞は絶対に誰かに悪影響を及ぼします。そして間違いなく自分に返ってくるのです。誰かのつくった渋滞に気分を悪くするのなら、自分も渋滞を生み出したりしてはいけません。

必要なのは、ハイブリッド車のメリットを効果的に引き出し、そして社会全体で燃料消費を低減できる本当に正しい運転です。正しいハイブリッド車運転術。次のページからは、それについて解説していきたいと思います。

ガソリン車とどこが違う？

超実践的ハイブリッドカー運転術

基本のエコドライブに加え、
ハイブリッド車の潜在能力をフルに引き出すノウハウを伝授

第2章

走り出す前に、できることがある

では早速、ハイブリッド車の性能をフルに引き出し、またそれだけでなく自分にとって、そして社会にとってのエコに繋がる運転の実践法をお伝えしていきましょう。

ただし、その前にやっておくことがあります。

クルマに乗り込んだら、まずはシートとルームミラーの位置を調整しましょう。スタート・スイッチを押して、あるいはひねってシステムをスタートさせるのは、まだ後の話。まずはイグニッションをオンにしただけの状態で、これらの位置を合わせてしまうのです。

ハイブリッド車はシステムがスタートしたからといって必ずしもすぐにエンジンが始動するわけではありません。バッテリーに余裕がある場合には、エンジンはかからないままです。

もちろん、その状態が続くのであればシステムをスタートさせてしまってもかまわないのですが、その前に乗った時の走行状況などによっては、早めにバッテリーの充電のためにエンジンが始動してしまうこともあります。これは単なる無駄。できる限り避けたいというわけです。

■「スタート」したらすぐ発進！

シートやミラーの位置を調整し、ナビゲーションシステムをセットしたら、いよいよ発進です。スタートスイッチを押して、あるいはひねってメーターパネルに「ＲＥＡＤＹ」と表示されたら、すぐに走り出しましょう。

エンジンがかかっても、アイドリングは必要ありません。以前とは異なり、いわゆる暖気運転は、一切不要です。

今のクルマは電子制御の力であらゆる制御を行っていて、エンジンが暖まらないうちに走り出してもクルマの側で自動的に、エンジンなどに負荷がかからないよう調整しています。乗り手の側で気を使ってやる必要はないのです。特にハイブリッド車の場合は進んでいて、ご存知の通り必要とあればエンジンをかけるのも止めるのも、すべてクルマの側でやってくれます。

ただし、だからといってすぐに全開にしていいというわけではありません。クルマには、エンジンだけでなく、ブレーキもタイヤも付いています。走り出してしばらくの間は、これらをウォーミングアップさせてやるつもりで、いくぶん穏やかに走らせてあげるといいでしょう。

■「ふんわりアクセル」は忘れて

前の章にも書いたように、「ふんわりアクセル」のことは忘れてしまいましょう。それが一概に悪いと決めつけるつもりはありません。周囲に他のクルマがいないような状況ならば、「ふんわりアクセル」はエコノミーにもエコロジーにも貢献することになるでしょう。けれど、周囲にクルマがいる場合には、過度な「ふんわりアクセル」は交通の流れを阻害してしまいかねません。仮に自分にとっては、それが一番燃費が良かったとしても、社会全体での燃料消費を考えると、むしろ逆効果とすらなりかねないのです。

発進は、ごく普通に行いましょう。たとえば信号待ち。自分が列の先頭にいる時は、気持ちとしてタイヤが半周するくらいまではスーッと踏み込んでいき、その後、クルマがしっかり前進し始めたら、速度の上昇に合わせるように踏んでいくのがコツです。

新旧プリウスをはじめとするトヨタ／レクサスのハイブリッド車をここではトヨタ方式と呼びますが、この場合、発進は基本的に電気モーターのみの力で行われます。この発進の瞬間こそクルマにとって一番負荷がかかる、つまり燃料を消費する場面なのですが、プリウスはそこで電気モーターを活用することで、燃料消費を大幅に抑制しているのです。

最初、電気モーターだけの力で動き始めたプリウスは、ある程度の速度まで達すると自動的にエンジンが始動して、そのふたつの力を合わせるかたちで加速を続けていきます。ここでポイントとなるのが、アクセルペダルの踏み方です。一気に踏み込むと、クルマは「ドライバーは今、大きな力を必要としているな」と判断して、電気モーターだけの走行からエンジン＋電気モーターの走行へと早めに切り換えてしまいます。

コツは、エンジンがかからないギリギリのところで、できるだけ高い速度まで引っ張ること。こうすることで、驚くほど燃料消費を抑えることができるのです。

■ホンダ方式ハイブリッド車の運転法

インサイトやシビックなどのホンダ方式のハイブリッド車は、停止時以外は常にエンジンが始動した状態となります。つまり、あくまでエンジンが主体で、電気モーターはそれを補助する役割となっているのです。

それでも、アクセルペダルの踏み込み具合によって燃料消費を抑えることは可能です。たとえば発進の瞬間。ホンダ方式はブレーキペダルに乗せた足を離すとエンジンが始動するのですが、ここで一瞬の遅れがあるため、素早いペダル操作を試みると、右足がアクセルペダルに乗った時にはまだエンジンがかかり切っていないということもあります。

この状態でアクセルを踏み込んでしまったら、どうなるでしょう。その直後、エンジンが始動した時に、いきなりエンジンを吹かすかたちになって、やや唐突に発進することになってしまうのです。クルマが思っていた以上に飛び出してしまえば、ドライバーとしては当然、アクセルを緩めます。余計に踏んで、離して、また踏んでという繰り返しになって、発進の瞬間だけで燃費を大幅に悪化させてしまうのです。

インサイトやシビックハイブリッドの場合、この点を頭に入れておいて、アクセルペダルの最初のひと踏みを意識的にやわらかめにすることがポイントとなります。エンジンが始動したら加速はスーッと滞りなく。交通の流れを阻害してはいけません。

できることなら周囲の状況にひと際気を配って、流れを先読みしたアクセル操作を心がけたいところ。本当はそんなことはドライバーの側が気を使うことなく、普通に操作して燃費が良ければ、それに越したことはないのですが……。

■モニターの表示に頼りすぎるのはNG

プリウスのエネルギーモニターやインサイトのエコアシストのように、多くのハイブリッド車では運転を視覚的に確認することができます。たとえば新型プリウスの場合、アクセルを踏み込みすぎるとハイブリッドシステムインジケーターのバーグラフが赤く「ＰＷＲ」と示されたパワーゾーンに入って、燃料消費の多い走行をしていると教えてくれます。

インサイトでは、アンビエントメーターの色が緑から青緑、そして青へと移り変わって同様のことを示すと同時にマルチインフォメーションディスプレイ内にはアクセル開度に応じて伸縮するエコドライブバーが表示され、それが短くなるような運転を促されます。

実際にふたつのクルマでテストをしていた時も、画面を時々はそのモードにして走らせていたのですが、ハッキリ言ってクルマが推奨するようなアクセル開度で発進させていると、走りは相当に緩慢になってしまいます。

もちろん、それが許される交通状況ではクルマが教えてくれるのに従って、ゆっくり走り出してもいいでしょう。しかし沢山のクルマが行き交う中では、その表示にとらわれず走れるように、目の前の画面は別の表示にしておくことをお勧めします。

発進時には多少、エコと表示される範囲を超えても、とにかく早めに流れに乗る。そして、その後はバー表示ができるだけ短くなるように巡航するよう心がけるといった考え方で臨むといいのではないでしょうか。

■「発進は一呼吸おいて」は理解不能

エコドライブというといつも登場するのが、財団法人省エネルギーセンターが提唱している「ふんわりアクセルｅスタート」です。クルマは発進時とその後の加速の際にもっとも多くの燃料を消費するので、それを抑えるために発進をゆっくり行ないましょうという趣旨です。

「発進は一呼吸おいて、それからアクセルを徐々に踏み込みましょう」

ＪＡＦのウェブサイトにも、そう書いてあります。

一見すると、まったく問題はなさそうですね。しかし、「ふんわりアクセル」には大きな落とし穴があるのです。

まず引っ掛かるのが、最初の「一呼吸おいて」というところです。皆さんはこれ、どうして一呼吸おくのだと思いますか？　正直言って私にはさっぱりわかりません。

自分が信号待ちの列の先頭にいて、信号が青に変わったのを見て発進するという時には、確かに左右の状況などをよく確認してから発進するべきでしょう。けれども、それはあくまで安全のため。本来であればアクセルを踏み込む前、信号が青に変わる前から周囲の状況をよく確認しておいて、青信号になったらすみやかに発進するべきです。

なぜかと言えば、皆それぞれが「一呼吸」なんて無駄なことをしていては、１度の青信号のうちにその交差点を通過できる台数が減ってしまうからです。そうなると、その交差点には次第にたくさんのクルマが溜まってきてしまいます。そう、渋滞です。「一呼吸」がもたらすのは、なんと燃料消費にとって一番の悪と言うべき渋滞なのです！

■「ふんわりアクセル」はエコどころか反エコ

「アクセルを徐々に踏み込みましょう」という言葉も、誤解を招く可能性があります。この「徐々に」とは一体どれぐらいのことを指しているのでしょうか。省エネルギーセンターのウェブサイトから引用してみます。

「最初の5秒で20km／hになるくらいのペースが目安」

これだけではわかりにくいですが、同じページにはこうも書いてあります。

「路線バスの発進加速を参考にするのも良い方法です」「雪道発進と同じ要領です」

想像してみてください。そうです、ここに書かれている「徐々に踏み込みましょう」という発進は、日常の交通環境の中に置き換えて考えると、明らかに遅すぎるのです。

あるいはそう書くと、燃費が良くなるんだから遅くたっていいじゃないかと考えられる人もいるかもしれません。なるほど、確かにそうも言えないことはないでしょう、もしも周りに他のクルマがまったく走っていなければ。

特に急いでいるわけでもないし、いま自分がいる交差点や踏切などには、他のクルマはまったくいない。そんな時には、ここに書かれているような「ふんわりアクセル」でゆっくりゆったり発進すれば、おそらく上々の燃費を記録できるでしょう。

しかしながら、もし周囲に他のクルマがいる時には、そういう運転はするべきではありません。それはエコどころか、むしろ反エコですらあるからです。

■「自分だけのエコ」が渋滞を生む

理屈はさきほどの「一呼吸」と同様です。もしも皆がそうしたペースで発進し出したならば、1度の青信号で、あるいは踏切の遮断機が上がったタイミングで、そこを通過できるクルマの数が減ってしまうのは目に見えています。

仮に今まで1度の青信号で平均10台が通過できていたのが9台に減ったならば、10回信号が切り替わる頃には10台の渋滞ができてしまいます。もし、それが交差点の右折信号の話だった場合には、右折レーンに収まりきれなくなったクルマの列が直進レーンにまで伸びてきて、直進するつもりのクルマですらも渋滞に巻き込まれることになります。

そうしたら一体何が起こるかは明白です。その交差点を通過するすべてのクルマは余計な運転時間を強いられ、燃費は悪化し、多くのCO2を発生させてしまうのです。

「ふんわりアクセル」に欠けているのは、交通社会全体で燃料消費やエコを考えるという視点です。クルマは1台で走っているのではなく、周囲にたくさんのクルマや、さらには自転車、歩行者などがいる中で走っています。そんな中で、自分だけのエコを追求する姿勢が許されるのでしょうか？「ふんわりアクセル」は、だから推奨できないのです。

■加速は素早くスムーズに

加速していく際も、やはりアクセルを踏まないことが、すなわちエコであるとは限りません。まず大事なことは、加速はスムーズに行うということです。

ただし、注意してください。スムーズに加速するというのは、ゆっくり加速するという意味ではありません。速度が高まるのに合わせてきれいにアクセルを踏み込み、一定の加速度を保ちながら速度を上げていくというのが、本当の意味なのです。

アクセルを踏み込み過ぎたら燃費が悪くなる。それは当たり前のことです。アクセルを強く踏み込み、一旦戻して、また踏み込む。こういう運転も無駄な燃料を消費してしまいます。車間距離を気持ち多めに開けて、できるだけ無駄にアクセルオフしたり、あるいはブレーキを踏んだりしないで済むように、滑らかな加速を心がけてください。

特にハイブリッド車の場合、アクセルの踏み方はこれまで乗り馴れてきたクルマと較べて、心持ち少なめといったあたりを狙っていくといいでしょう。トヨタにしてもホンダにしても、加速時にはエンジンの力を電気モーターがうまくアシストしてくれます。

たいていのガソリンエンジンは、アクセルをあまり踏み込まない領域や低回転域のトルクがあまり充実しておらず、ある程度回して初めて本領を発揮します。しかしハイブリッド車の場合は、その領域でのトルクを電気モーターが補ってくれるため、それほど回転数を上げなくても、力強く速度を上げていくことができるのです。

EV走行できるというだけでなく、こうやって加速の時ですら燃費を改善することができることこそが、実はハイブリッドの魅力なのだと言ってもいいでしょう。

■一定の速度に達したら巡航

アクセルの踏み方に話を戻せば、車間距離が無闇に空いてしまうような運転もお勧めできません。素早く流れに乗ることが大切です。必要以上にゆっくりと速度を上げていくのは、社会全体にとってエコになりませんし、実は自分にとってもエコではないことすらあり得ます。

アクセルをできるだけ踏み込まずに、そろーっと速度を上げていこうとすると、クルマにとっては長い時間、わずかにではあっても加速を続けている状態になります。実は、こういう運転は燃費にあまり貢献しないのです。むしろ早めに一定の速度まで加速してしまって、そこからできる限り速度を上下させることなく巡航したほうが、結果的には燃費が良くなる場合が多くなります。特に、信号などでの停止が少なく、一旦走り出すとしばらく巡航状態が続くような場面では、その差がハッキリと出てきます。

市街地を発進と停止を繰り返しながら走っている時と較べて、高速道路を流れに乗って走らせた時のほうが明らかに燃費が良い。それは誰もが経験上、ご存知だと思います。それと同じことなのです。以上のことは、どのクルマにも共通して言えることです。そして当然、ハイブリッド車にも当てはまります。

■EVモード活用の問題点

プリウスをはじめとするトヨタ方式のクルマの一部、EVモード搭載車については、発進の際にそのEVモードを活用するという裏ワザがよく聞かれます。エンジンにもっとも大きな負荷がかかる発進加速の際に、ＥＶモードを選ぶことで可能な限りエンジンがかからないようにして、燃料消費を抑えようというわけです。

この裏ワザ、確かに一定の条件下では大きな効果を発揮します。ある程度、速度が乗ったところでＥＶモードを解除し、あるいは自動的に解除させて、巡航状態に入ったクルマをエンジンで走らせれば、確かに燃料消費は大きく改善されるでしょう。

しかし、これには問題もあります。ＥＶモード走行時は当然ながらバッテリーが著しく消耗します。それだけでなく、バッテリーへの充電が不十分になってしまう恐れがあるのです。

そのため、せっかくＥＶモードでの発進によって燃料消費を節約できたとしても、次の信号待ちなどの停止の際にバッテリー充電のためエンジンが停止せず、結局は同じような結果しか得られないといったことも起こります。そうなってしまえば、手間がかかる分だけ損。気を取られる動作がひとつ余計に増えるわけですから、安全性への影響も無視することはできません。

新型プリウスは、先代モデルと同じＴＨＳⅡと呼ばれるハイブリッドシステムを使ってはいるものの、その制御の緻密さでは先代を大きく凌駕しています。よって基本的にバッテリーの制御については、クルマがやってくれる最適マネージメントに頼るのが最良の策だというのが実際のところのようです。

この裏ワザを使うにしても、いつもの通り道で、ＥＶモードを使った後には下り坂があるため、そこで十分に充電することが可能だとわかっているなど、条件を選ぶことは間違いありません。うまく使えば燃費向上を期待することだってできるでしょう。

■走行中の速度はできるだけ一定で

素早く、そしてスムーズに法定速度まで加速したら、あるいは流れに乗ったならば、あとはできる限り一定の速度を保ちながら走ること。それが燃費の低減に、想像以上に大きく効いてきます。50㎞／hなら50㎞／hをひたすらキープするように走らせるのです。

意味のない加速で前のクルマに追いついて、先が詰まったら急に減速。車間が開いたら、また加速する。そんなことを繰り返すような走りは、もってのほかと言えます。いつのまにか速度が落ちてあわててアクセルを踏み直すだけで、実は十分にロスなのです。

一定の速度まで達したら、あとは速度が落ちないギリギリまでアクセルを絞って走行する。これが理想です。トヨタ／レクサスのTHSⅡの場合、巡航時にはエンジンが停止して、セーリングなどとも呼ばれる状態になります。こうなれば、当然燃料は消費しません。うまくこの状態で走る時間を長くすると、燃費を驚くほど向上させることが可能になります。

「できるだけ加減速を控えるなんて、そんなの改めて言われなくたって簡単だよ」

そう思われる方も少なくないと思います。でも、いざ実際に速度一定でクルマを走らせようとすると、これが案外難しいということに気付くはずです。

「道って結構、勾配がついているんだな」

一定の速度で走らせようとしていると、そんなことに改めて気付くのではないでしょうか。ここが燃料の消費を抑えるためのポイントのひとつ。速度計や回転計、エンジン音や風切り音にロードノイズ、流れる景色や周囲のクルマの様子等々、あらゆる情報をもとに速度が落ちないよう、アクセルペダルの踏み代を最小限にして走らせることを心がけましょう。

■上り勾配には注意が必要

プリウスのエネルギーモニターやインサイトのエコアシストは、こうした場面では大いに役立ちます。前者はハイブリッドシステムインジケーターの表示にして、後者はエコドライブバーを活用して、できるだけ燃料消費を抑えられるようアクセルの踏み具合を調整するのです。

勘所が掴めてくると、速度を落とすことなく燃料消費は最小限にして、滑るように巡航することができるようになります。プリウスなどトヨタ方式の場合は、必要なしと判断すれば自動的にエンジンも停止します。ここにはハイブリッド車を走らせる、ひとつの醍醐味があると言っていいかもしれません。

注意が必要なのは、道に緩やかな上り勾配がついている場合です。急な上りに差し掛かった場合には、当然ながら速度がグッと落ちるので、すぐにそれに気付くはずです。しかしながら勾配が緩やかな場合には、なかなか気付きにくいこともあります。そんな時、アクセルの踏み込み量が一定ならば、速度は次第に落ちてきてしまうでしょう。

プリウスの場合、瞬間燃費計を見ながら走行していると、こうした場面でもアクセルの踏み方は一定に保ったほうが、燃費を稼ぐことができるようではありません。もちろん上り勾配が続く場合は途中でアクセルを再度踏み込まなければなりませんが、勾配の上下が頻繁に入れ替わる場合には、極端な話、上りで失速した分、下りで取り戻し、また上りで失速して……と繰り返すほうが、一定の速度を保つよりも燃費に関しては良いようです。

■1台のクルマの速度低下がやがて渋滞に

ですが、私はそうした運転には断固反対です。何度も繰り返しているように、道路を走っているのは自分ひとりではないのです。周囲の、全体の交通を考えて、あくまでも速度一定を心がける。それこそを、ここでは〝正しい〟運転法と定義します。

上り勾配の道で、突然ガクンとペースが落ちる。多くの方がそんな経験をされていると思います。これは渋滞の大きな原因です。1台のクルマの速度が落ちると、後続のクルマは、後ろにいけばいくほど速度が下がってしまい、やがてはブレーキを踏まなければならなくなり、そしてついには流れが詰まってしまうというわけです。

事故以外の原因で起きる高速道路の渋滞は、実はほとんどがこうした上り勾配、あるいはトンネル手前などで起きる自然な速度低下が原因となっています。渋滞を抜けてみたら、どこかで事故などが発生していたわけでもなく、一体何が原因だったのかよくわからなかった。そんな経験は皆さん、一度ならずあるはずです。たいていの場合、こうした渋滞の原因は、この自然な速度低下なのです。

とにかくこうして上り勾配で速度が下がっていくと、速度を戻すために、かなり深くアクセルを踏み込まなければならなくなります。また、それを避けるため、そして自分の運転が渋滞の原因にならないために、一定速度を保つということを常に意識して走りましょう。

仮に、それで自分のクルマの燃費が数%悪くなったとしても、社会全体では明らかにプラスになっているはずです。そして社会全体で渋滞が少なくなれば、それは間違いなく自分にも好影響として反映されるはずなのですから。

■余計な加減速をしないために

前のクルマとの間の距離を保って、常に2～3台先のクルマの動きを見通しながら走ること。これも余計な加減速を防ぐことに繋がります。前のクルマにぴったりついて走ると、そのクルマの加減速に逐一合わせなければならず、一定の速度を保ちにくくなってしまいます。

常にクルマ数台分の間隔を空けておき、数台前のクルマのブレーキランプが点いた時には、こちらもアクセルを緩めていつでもブレーキを踏めるようにしておくと、速度の上下の少ない運転が可能になります。ブレーキを踏まないで済めば、それに越したことはありません。ブレーキランプの点灯が後続車に伝播していくと、渋滞に繋がる可能性が高いからです。

前に遅いクルマが詰まっている時には、追い越しをする場面もあるはずです。ゆっくりとしたペースであっても頻繁に速度が上下してしまうくらいなら、追い越しの際に多少アクセルを踏み込むことになっても、それらのクルマの前に出て一定速度で走れたほうが、トータルで見た場合に燃費が良くなる可能性は高まります。流れをリードすることになった時には、自分が後続車に余計な加減速を強いることがないように、すみやかにできるだけ左側の車線に移りながら適切なペースをキープしましょう。

前走車にあまり近づきすぎていると、周囲の状況が読みにくくなってしまいます。周囲のクルマと適切な距離を保ち、それらのクルマの動きや全体の交通の流れにしっかり目を配って走る。こうしたことが、燃料消費を抑えることに繋がるのです。

■減速エネルギーをうまく回収しよう

ハイブリッド車にとって減速は、燃費の向上を実現するための大きなチャンスとなります。回生ブレーキをうまく使って効果的にエネルギーを回収することができれば、次の加速、そして巡航の際に、エンジンの出番を減らすことができるからです。

プリウスやインサイトをはじめとするハイブリッド車が搭載している回生ブレーキは、普通のクルマであればブレーキのディスクとパッドが摩擦して熱として放出されてしまう制動エネルギーをジェネレーターを回すことに使うことで、電気エネルギーとして回収します。ハイブリッド車は単にエンジンを効果的に停止させられるから効率が良いのではなく、普通のクルマであれば捨てられてしまうエネルギーを再利用できるから高効率なのです。

この回生ブレーキ、使い方は他のクルマと変わりません。つまりブレーキを踏むだけで、誰でも使うことができます。ただしハイブリッド車のブレーキは、通常のブレーキと回生ブレーキをコンピューターによって協調させて、最適な割合でお互いを使っているため、ややペダルタッチに癖がある場合もあるため、注意が必要です。

誰でも使うことができると書きましたが、効果的にエネルギーを回生させるためのコツがあります。まず心がけてほしいのは、短い距離と時間で強い制動力を発揮させるのではなく、できるだけ長い時間をかけて、緩い制動力でクルマを停止させるということです。

■緩やかブレーキで無駄なく回生

回生ブレーキは、制動エネルギーでジェネレーターを回転させるのですが、実はそのキャパシティはそれほど大きなものではなく、エネルギー転換量には限度があります。突然大きなエネルギーが入ってきても、すべてを電気エネルギーに転換させることができず、コンピューターによって通常のブレーキの割合が高くされて、大半は熱として捨てられてしまうのです。

制動エネルギーを無駄なく回生するには、ジェネレーターのキャパシティに合わせて、それを超えない程度の制動力をキープすることが求められます。ゆっくり時間をかけて、長い時間ブレーキを踏み続けるのは、まさにそのため。熱として失われるエネルギーを減らすことができれば、つまり再利用できるエネルギーを増やすことができるのです。

どのぐらい緩やかにブレーキペダルを踏み込むのがもっとも効果的か。これを文章で説明するのは難題です。ひとつヒントになるのは、車両についているエネルギーモニター。これを見ながらいろいろと試してみて、バッテリーの充電量がもっとも大きいところを探り当てるのが、一番正解に近いアプローチだということになるでしょう。

また、ブレーキを踏むまでは至らない、ごく緩やかな減速が必要な場面では、アクセルオフを積極的に活用するのは有効な手と言えます。アクセルを踏んでいなければ、フューエルカットというプログラムが働いて燃料は噴射されません。仮にエンジンが高い回転数でうなり声を上げていても、それは勢いで回っているだけで、燃料を燃焼させているわけではありません。だから燃料消費を抑えられるのです。

前方の信号が赤なのに、ギリギリまで加速していって強いブレーキで停止する。こういう運転は、やはり燃費が悪くなります。早めにアクセルを緩めて、後続車がいなければ少しの間、惰性で進んでいって、弱いブレーキングで最終的に停止する。これがもっとも効率的に減速するための方法だと言っていいでしょう。

Nレンジでの走行は危険

トヨタ方式のハイブリッド車に有効なテクニックとして、減速時にNレンジを使うというものがあります。Nレンジに入れるとエンジンがすぐに停止するため、燃料をセーブできるというわけです。

しかし、このテクニックには重大な欠点があります。Nレンジではブレーキ回生によるエネルギー回収の効率が落ちてしまうのです。つまりハイブリッド車の一番のメリットを放棄してしまうことになるわけですから、お勧めはできません。

そもそも安全性を考えても、Nレンジでの走行は控えるべきでしょう。減速中のクルマは不安定な状態にあります。Nレンジでの走行は急な路面状況の変化や強風などの際に、大きく挙動を乱すことに繋がりかねないのです。

特殊なテクニックを駆使しようとしても、苦労したほどの効果はなかなか得られない。そう考えたほうがよさそうです。回生ブレーキをもっとも効率良く活用するためには、できるだけ長い時間、緩めにブレーキをかけることが何より有効なのです。

何よりも「安全」を重視して

ハイブリッド車に限った話ではありませんが、燃費を極限まで追求しようとすると、ついつい周囲のことを忘れて、自分のクルマと対峙することにばかり熱中してしまいがちです。しかし、それでは周囲に迷惑をかけ、社会全体としての効率を落とすことにも繋がりかねないばかりか、時には安全をも脅かすことになりかねません。何より重視するべきは安全だということ。これは肝に銘じておきましょう。

できる限り速度を一定に保つようにと思って走らせていると、交通の流れが遅くなってきてもブレーキをかけたくないあまり、ギリギリまで前を行くクルマに接近してしまうことがあります。あるいは逆に前のクルマが離れていって、後ろのクルマがつかえるようになってもアクセルを踏み込むのを躊躇してしまったり、そんなこともついついしてしまいがちです。

歩行者や自転車が多い街中で、高い速度を保って走らせてしまうなんてことも起こり得ます。これは言語道断です。

コーナリングも同様です。減速したくないものだから、ついつい速めの速度を保ったままで進入してしまう。するとコーナーが奥でさらに深く曲がり込んでいた時には車両の姿勢が不安定になりがちですし、ブラインドコーナーの奥に渋滞が出来ていた時などはとても危険です。

■事故を起こせばすべて台なし

取り付け道路や導入路などから自分が走っている車線にクルマが合流してくる時も、相手が加速してくれるか、あるいは自分の後ろに入ってくれることを期待して、速度を緩めないまま走行してしまったりします。これらも度が過ぎれば、周囲をイライラさせたり、ニアミスの原因になったり、あるいは本当に接触に至ってしまったりという可能性が大いにあるのです。

代わりに得られるものは何かと言えば、おそらくコンマ数リッターにすら満たない燃料の節約でしょう。事故のリスクを冒してまでやるべきことでしょうか？

燃費を追求するあまり事故を起こしたとしたら、エコとは正反対の結果しか生みません。最新のハイブリッド車の場合、エネルギーモニターやティーチング機能など、思わず視線が向かってしまう対象が室内にもいくつもあり、それらに夢中になってしまいがちなもの。他のクルマ以上に、事故を起こさないという心構えをもって運転しなければいけないのかもしれません。

もし事故を起こしてしまえば、クルマは壊れ、相手のクルマやガードレールなども壊し、つかえた後続車や見物のために交通渋滞を引き起こすことにも繋がります。もちろん相手や自分の命や健康すら脅かすのです。自分だけのためのほんのわずかな燃費向上のために、それだけの代償を支払うなんて無意味です。

一度事故を起こせば、せっかくハイブリッド車を買っても、燃料消費を抑えるべく運転しても、すべて台なし。そう強く意識して運転に臨みましょう。重視するべきは、まずは安全。そして次に燃費の向上、そしてエコなのです。

■正しい姿勢で繊細な操作を

正しい運転のためには、まず正しい運転姿勢を取ることが必要です。正しい姿勢で丁寧な走りを心がければ、ステアリングを素早く切り込んだり、アクセルをガバッと開けたり、ドーンと強くブレーキを踏んだりといった無駄で無意味なことを抑えることができます。それだけではありません。こうやって丁寧に、繊細に操作していると、掌や足の裏、お尻などを通してその時々のクルマの状況が逐一伝わってくることに気付くはずです。

ステアリングをスパッと切り込んでも、今のクルマは優秀なので、突然タイヤのグリップがすっぽ抜けてしまうようなことはなく、ちゃんと曲がってはくれるでしょう。けれども、適当に切り込んで、足りなければ後から切り足して、曲がり過ぎたら戻して……とやっていると、一緒に乗っている人にとってはギクシャクして気持ち良くないですし、何よりクルマに余計なストレスをかけることに繋がります。

たとえばタイヤは間違いなく減るでしょう。また必要以上に舵角がついていれば抵抗になりますから、燃費だって悪化するはずです。それが何か月か何年か何万kmか積み重なっていけば、必ず差は出てきます。

ステアリングは強く握り過ぎず、掌へと伝わる反力を感じながら走らせましょう。それをちょっと意識するだけで、交差点でもコーナーでも必要な分だけきれいに切り込むことができるはずです。

■右足の力を調整して速度をキープ

アクセル操作についても同じことが言えます。加速したいと思ったらためらわず全開！……では、燃料消費を抑えることはできません。逆に、無闇やたらと「ふんわりアクセル」を試みたって、いつまでもスピードが出ないだけで案外効果は薄かったりするのです。

速度計の動きや周囲の景色の流れにリンクさせるように、右足にスッと力を入れていくと、それ以上は踏んでも加速感に違いがないポイントがわかってきます。また、特にインサイトのようなエンジン主体で走るハイブリッド車の場合は、そのままエンジン回転数が高まっていって力強いトルクが発生しはじめる領域が必ずあるはずです。そうなったら、そこをキープできるよう右足の力を微妙に調整しながら走らせればいいのです。

ホンダ方式のＣＶＴ＝無段変速機は賢くそれを感じ取って、その回転域をキープしながら速度を伸ばしてくれます。そして欲しいだけの速度が出たら、今度は右足を徐々に緩めていけば、速度はそのままにエンジン回転数だけ落としていってくれます。

プリウスのトヨタ式でも基本は同じです。クルマが力強いトルクを発生して気持ち良く走ってくれるポイントを右足で探し出し、できるだけそれをキープすることが、効率の良い走りのひとつのカギとなるのです。

■クルマとの対話が燃費を向上させる

ここまで読んでいただいた方は、そろそろお気づきでしょう。実はハイブリッド車の燃費を向上させる運転に、特別なワザというのはそれほどあるわけではないのです。

回生ブレーキの使い方やアクセルの踏み込み方など、クルマによって特有の個性や癖のようなものはあります。しかしながら本質を突き詰めていくと、何より燃料消費を抑えるのに効くのは当たり前のことを当たり前に行う〝普通の〟運転に行き当たるのです。

ただし、それはこれまでしてきた通り、いつもの運転というわけではありません。当たり前を丁寧に、より突き詰めた運転。それこそがハイブリッド車の持つ潜在能力をフルに引き出すことに繋がります。ハイブリッド車の場合は、エンジンと電気モーターのふたつの動力源によって走行し、回生ブレーキという武器をもち、またバッテリーをいかに使うかという要素も絡んでくるだけに、運転によってさらなる燃費向上を引き出せる余地がより大きいのです。

前著『極楽ガソリンダイエット』では、普通のガソリン車の効率的な運転法について論じました。〝普通の〟運転について、より詳しく解説していますので、興味のある方は併せてお読み下さい。

クルマと丁寧に対話する運転を心がけていると、クルマの調子に敏感になってきます。たとえば「何か今日、ステアリングが重くない？」とか「加速が鈍いような気がするな」といったことに気付きやすくなるということです。つまり運転だけでなくクルマとの接し方まで、丁寧で気遣いに満ちたものになってくるということです。そうなればしめたもの。調子の良いクルマと正しい運転で、燃費はどんどん向上していくに違いありません。

■正しい運転の効果はいかに？

さて、ではこんな風に正しい運転をした場合のハイブリッド車は、一体どんな燃費を示すのでしょうか。結論から言えば、周囲の迷惑を顧みず、ひたすらに燃費を追求した時に較べれば、燃料消費は多くなりました。しかし、代わりに手に入れたものもあります。そして、それはとても大事なものだと断言できます。

まずホンダ・インサイト。東京都品川区を出発して一般道で横浜まで行き、首都高速湾岸線を使って戻ってくる66・1kmのルートでの燃費は、前の章に書いたように、他車への迷惑を顧みずひたすら自分の燃費だけを追求した走り方での1回目の走行で22・3km／ℓだったのに対して、19・2km／ℓとなりました。

新型プリウスは、1回目が32・4km／ℓに対して、2回目は28・5km／ℓとなりました。やはりと言おうか、燃費の良さは圧倒的と言えます。インサイトでも相当頑張った運転をしたつもりなのですが、普通に走らせた新型プリウスの燃費にはまったく届かないのです。

そして旧型プリウスは、1回目が24・7km／ℓ、そして2回目は21・7km／ℓでした。確かに新型プリウスには負けますが、しかしインサイトには勝る。10・15モードの数値などを見てもある程度は予測できたことですが、引き続きEXとして売られる旧型プリウス、なかなか侮れないといったところです。

いずれにしても2回目のほうが燃料消費は増えてしまいました。それだけ見ると、やっぱり普通に走らせたのでは意味がないと思う人もいるかもしれません。

ここで注目してほしいのが走行時間です。走らせていた時間は、インサイトは1回目が1時間59分かかっているのに対して、2回目は1時間36分で済んでいます。新型プリウスも、1回目が2時間11分に対して、2回目は1時間39分に。そして旧型プリウスも、1回目が2時間4分に対して2回目は1時間58分と、いずれも短縮することができました。

■クルマは社会的存在でもある

確かに単独で、ひたすら燃費狙いで走ればそれなりの数値を記録することはできます。しかし、それは仮に自分にとっては良くても周囲にとっては迷惑。何度も書いている通り、社会全体で見れば明らかに無駄で余計な燃料を消費することになってしまうはずです。それではエコとは言えないし、ハイブリッド車を買った意味も半減といったところでしょう。

そして大事なのは、クルマにとって速く移動できるということは絶対的な価値だということです。それが必要ないのならば極端な話、クルマでなくたっていいはず。速くという言葉がそぐわなければ、スムーズに、あるいは効率的にと言い換えてもいいでしょう。

仮に周囲に迷惑をかけることなく、しかも効率的な移動が叶うならば、あとは自分のクルマの燃費をひたすらに追求することに、大きな醍醐味があるのはもちろん否定しません。ですが、自分の燃費を第一に追い求めるのではなく、まずは社会全体のこと、そして移動の効率を考えること。それが個人のモビリティの道具であり、同時に社会的存在でもあるクルマという乗り物に、何よりもまず求められることのはずです。

せっかくハイブリッド車を買ったのですから、極限までの燃費の向上、試そうじゃないですか。ただし、その前提にはあくまでここまで記してきたようなことを、くれぐれも忘れずに。

他人や周囲や社会に迷惑をかけることなく、その性能をとことん引き出して。

きっと今後、新型プリウスやインサイトの燃費向上術は、まだまだ出てくることでしょう。

けれども、交通社会の一員として守らなければならない〝正しい運転〟という基本となる概念を、この本を読んでいただいた方には、ぜひとも強く心の中に持ち続けてほしいと思います。

F1だって
ハイブリッド!?

ここまで進んでいる
世界のエコカー事情

日本のハイブリッド車ラインナップから将来の展望まで、
今知っておきたい情報を満載

第3章

ここまでトヨタ・プリウスの新型と旧型、そしてホンダ・インサイトを紹介してきましたが、いま世の中に出回っているハイブリッド車は、それだけではありません。ここではまず今すぐに買うことができる現行ハイブリッド車のラインナップを紹介していきたいと思います。

■エスティマハイブリッド――世界唯一のミニバンハイブリッド

エスティマハイブリッドは、現在日本で、ということは、世界で唯一のハイブリッドシステムを備えたミニバンです。現行モデルがデビューしたのは2006年6月。先代モデルでは、THS－Cと呼ばれるハイブリッドシステムを使っていましたが現行モデルでは2世代目プリウスと同じTHSⅡと呼ばれるトヨタにとって第2世代のハイブリッドシステムを使っています。

エンジンはボディサイズの大きさやミニバンならではの使用条件を考慮して排気量を2・4ℓに。またエネルギー効率を向上させるために排気熱再循環システムを搭載しているのもトピックと言えます。これはエンジンの暖気やヒーター用として排気の熱を利用するもので、実用燃費の向上に貢献しています。

また、THSⅡは後輪を電気モーターだけで駆動する4WDシステムのE－Four（イーフォー）とも組み合わせられて、余裕ある動力性能と高い操縦安定性をも両立させています。

注目の燃費は10・15モードでリッターあたり20・0km、新しい規制であるＪＣ08モードでリッターあたり18・0kmをマーク。ハイブリッドではない２・４ℓモデルの10・15モード燃費が最大12・４ℓ、動力性能の面ではほぼ同等といえるＶ型６気筒エンジンを積んだ３・５ℓモデルの10・15モード燃費が最大９・８km／ℓですから、その高効率性は際立っていると言えるでしょう。

このエスティマハイブリッド、車両価格は３７６万～５０６万円に設定されています。ベースとなるエスティマは２９５万～３９８万円。同一グレードで比較した場合、最低80万円ほどの価格差があります。レギュラーガソリン１ℓの価格を１１０円と仮定した場合、ざっと13万km以上走らないと、２・４ℓモデルとの差額分の元は取れないということになります。しかしながら動力性能では近い３・５ℓモデルを引き合いに出せば、７万５千kmあたりで元が取れると言うことも可能です。

しかし、ハイブリッド専用車ではないエスティマにとって、ハイブリッドとは単なる燃費スペシャルというだけの意味ではなく、その滑らかな走行感覚などによる最上級プレミアムミニバンとしての位置づ

トヨタ・エスティマハイブリッド

けもなされていると言っても間違いではないでしょう。

■ハリアーハイブリッド――電気モーターを使った4WDシステム

2005年3月に発表されたハリアーハイブリッドも、息の長い人気を誇るハイブリッド車です。こちらも搭載しているハイブリッドシステムはTHSⅡ。エンジンはV型6気筒3・3ℓ。このエンジンとフロントモーター、さらには電気モーターだけで後輪を駆動する4WDシステム「E-Four」のリアモーターを組み合わせたシステム最高出力は272psと強力です。

しかし一方で、燃費は10・15モードで17・8km/ℓという上々の数値を記録しています。ハイブリッドではないガソリン2・4ℓエンジンを積んだ4WD仕様が10・15モード燃費10・6km/ℓですから、こちらもハイブリッドの効果は甚大と言えます。

このハリアーハイブリッド、モーターだけで走行するためのEVモード・スイッチは備わりませんが、発進時などはモーターだけの力で走行します。しかも加速はモーター出力を減速させてさらに効率よ

トヨタ・ハリアーハイブリッド

くトルクを取り出すリダクションギアの採用で、大柄な車体をモノともしません。

Ｅ－Ｆｏｕｒのおかげでハンドリングもスポーティ。バッテリー残量が少なくなると１００％電気駆動の後輪を駆動することができなくなるため、走行安定性が落ちてしまいますが、それは限界的な状況以外では遭遇しない状態であり、ほぼ問題はないでしょう。

■クラウンハイブリッド――環境性能＋滑らかで力強い走り

トヨタを象徴する存在であるクラウンにもハイブリッド車が用意されています。先々代クラウンにも「マイルドハイブリッド」と呼ばれるアイドリングストップ機構付きのモデルが用意されていましたが、２００８年2月に発表された現行型は、トヨタの主力となっているＴＨＳⅡを採用した本格的なハイブリッド車となっています。

目指したのは走行性能と環境性能の両立。クラウンハイブリッドはそう謳っています。エンジンはハイブリッド専用にチューニングされたＶ型6気筒３・５ℓでシステム最高出力は３４５psと強力。それでいて燃費は10・15モードで15・８km／ℓ、ＪＣ08モードでも14・０km

トヨタ・クラウンハイブリッド

／ℓという2ℓガソリンエンジン車並みの好燃費を実現しています。通常走行以外に「スポーツ」や「エコドライブ」など4つの走行モードを用意して、好みや状況に応じて使い分けることも可能です。

エンジンのこもり音を、スピーカーから逆位相の音を出力することによって低減するアクティブノイズコントロールも搭載。快適な室内環境をつくり出しています。

ハイブリッドと言えば環境性能と燃費。もちろん、それも大きな魅力ですが、クラウンハイブリッドはそれだけではなく、ハイブリッドならではの滑らかで力強い走りの心地良さ、上質さをも強調した存在と言えます。

■シビックハイブリッド――2世代目のモデル

ホンダも、インサイト以外にハイブリッド車を設定しています。それがシビックハイブリッド。現在販売されているのは、その2世代目のモデルとなります。

「ＩＭＡ」と呼ばれるハイブリッドシステムの根幹は、最新のインサイトに使われているものと、ほぼ同様です。ただし、ＶＴＥＣがイ

ホンダ・シビックハイブリッド

ンサイトの2ステージから3ステージとなる1・3ℓエンジンの出力は88psから94psに。モーターの出力も14psから20psへと大きくなっています。

燃費が10・15モードで28・5km／ℓ、JC08モードで25・8km／ℓに留まるのは、インサイトのほうが車重が軽く、各部の技術がさらに磨き上げられていることからすれば順当と言えるでしょう。

シビックハイブリッド、クルマとしての出来は決して悪くはありません。しかし、オーソドックスなセダンの市場がシュリンクしており、シビック自体が苦戦する中で、見た目にハイブリッドと誰にでもすぐにわかるわけでもないだけに、人気は低迷しています。実際に乗れば、決して悪いクルマではないことはわかるはずですが、とりわけ今となってはインサイトではなくこちらを選ぶ理由を、見出し難い感は否めません。

■レクサスは5モデル中3モデルにハイブリッドを設定

目下ラインナップしている5モデルのうち、実に3モデルにハイブリッド車を設定しているのがレクサスです。ハイブリッドという技術を燃費の向上だけでなく、走りのクオリティアップにも活用していることが特徴です。

レクサスのハイブリッド車の最新作がRX450hです。これは実質的にハリアーハイブリッドの後継モデルに位置づけられます。

ハイブリッドシステムの基本構成はハリアー時代と共通ですがエンジンは排気量を3・5ℓに拡大。さらに高い膨張比を実現するアトキンソンサイクルという燃焼方式や、排ガスを冷却した上で再循環させるクールドEGR、排ガスの熱を利用して暖気時間を短縮させる排気熱再循環システムなどを新たに採用し、バッテリーの制御についても磨きをかけることによって省燃費性を向上させています。待望のEVモードも備わりました。

そのスペックは、まずシステム最高出力は299psと、V型8気筒エンジン車並み。それでいて10・15モード燃費はガソリン3・5ℓのRX350の何と倍にもなる16・8km／ℓをマークしています。

レクサス RX450h

■LS600h／hL――レクサス・ハイブリッドの頂点

LS600h／hLはレクサスのハイブリッド車の頂点に位置するモデルです。世界のライバルたちが最上級モデルとしてV型12気筒エンジンを据える中、プレミアムブランドとしては後発のレクサスは、同じ路線を後追いすることはありませんでした。

採用した戦略は、トヨタ独自の技術であるハイブリッドを利用した、新たなかたちのプレミアムカーのパワートレインを生み出すことでした。LS600h／hLのエンジンは排気量5ℓのV型8気筒。これにTHSⅡと呼ばれるハイブリッドシステムを組み合わせています。

そのスペックはまさに圧巻です。エンジンの最高出力は394ps。そして電気モーターの最高出力は224psで、システムとしての最高出力は445psにも達します。それでいて10・15モード燃費は12・2km／ℓを達成。ハイブリッド車に対する期待値からすれば、もう少し……という思いも頭をもたげてますが、ライバルを12気筒エンジンを積むようなモデルだとするならば、燃費はざっと半分に過ぎません。

諸元を見てもわかる通り、狙いは低燃費だけでなく、あくまでプレミアムカーにふさわしい走行感覚を実現することです。停止中にはアイドリングストップによって車内は無音に近い状態となり、走り出してもしばらくは電動モーターだけの動力が使われるためきわめて滑らかかつパワフル。いざ加速を試みれば、開発陣が「ジェット機のよう

レクサス LS600h

な」と表現する、無段変速ならではの継ぎ目のない、そしてきわめて力強い走りを楽しむことができます。

この驚愕の動力性能を不安なく引き出すことができるよう、フルタイム4WDシステムを標準採用しているのも、LS600h／hLの特徴です。速く、快適で、しかも安全であり、そしてエコであるという現代のビジネスピープルの移動手段に求められる要素が、余すことなく実現されているわけです。

■GS450h――スポーティなハイブリッドカー

GS450hは、レクサスのハイブリッド車第一弾として2006年にデビューしました。ハイブリッドシステムには2世代目プリウス以降、定番となったTHSⅡを採用。排気量3・5ℓのV型6気筒エンジンに2基の電気モーターを組み合わせています。

動力性能は、なるほど強力です。最高出力はエンジンが296ps、電気モーターが200psで、システム全体では345psに達します。静止状態から100km／hまでわずか5・6秒で達するという速さ自

レクサス GS450h

体もそうですが、エンジンが大きな音を立てるわけでもなく、きわめて滑らかに速度を上げていく独特のフィーリング、そしてある程度の速度に達したところでリダクションギアが高速寄りに切り替わる、まるで一段ブースト圧が高まったかのような演出などが相まって、その速さ〝感〟を一層引き立てているのです。

ＬＳ６００ｈ／ｈＬとは違って、ＧＳ４５０ｈの駆動方式はＦＲつまり後輪駆動のままです。そのためハンドリングもスポーティで軽快感あふれるものに。ハイパワーＦＲの楽しさを存分に味わうことが可能です。

しかしながら10・15モード燃費で14・２km／ℓを記録するなど、エコ性能も高次元。その走りによってＧＳ４５０ｈは、ハイブリッドとプレミアムカーの融合の高い可能性を示したと言えるでしょう。

■レクサスのハイブリッド専用車

すでに近いうちに発売されると発表されているモデルも2種類あります。プレミアムセダンのレクサスＨＳ２５０ｈ、そして世界でも初と言っていいハイブリッドスポーツカーになると噂されているホンダＣＲ－Ｚがそれです。

２００９年1月に世界に向けて公開され、7月にも販売を開始するレクサスＨＳは、これまでのＧＳやＬＳ、ＲＸとは違ってハイブリッドしか用意しない専用車となります。ボディサイズはＩＳとＧＳの中間くらいに位置する中型セダンです。

ハイブリッドシステムには、ＴＨＳⅡを採用。エンジンの排気量は２・４ℓで、最高出力は１４７ps。電気モーターの出力とあわせたシステム最高出力は１８７psに達します。まだ正式な発表前のため燃費に関するデータはありませんが、同じシステムを積んだアメリカ専用のカムリハイブリッドがアメリカのシティモードで約18・３km／ℓ走ること、そしてレクサスのハイブリッドとしては初めて「エコモード」を設定していることなどから考えると、日本の10－15モードでは約30km／ℓ以上の低燃費を期待することもできるでしょう。

排気熱で冷却水を暖めることでエンジン暖気時間を短縮し、燃費にもクリーン性にも貢献する排気熱再循環システムをＲＸ４５０ｈに続いて採用したり、エアコンの利きを高める赤外線カットガラスを使用するなど、徹底的に高効率性を追求しているのもポイントです。植物由来のエコプラスティックを荷室などの表皮材に使うなど、ハイブリッドシステムとは違った角度からのエコの追求も行なっています。

レクサスHS250h

これまでのレクサスとは違ってFF＝前輪駆動レイアウトを採るため、ハイブリッドシステム用のバッテリーを積んでもなお、十分な荷室スペースを確保しているのも嬉しいポイント。居住空間もサイズ以上の余裕を感じさせます。

■ホンダからはハイブリッドスポーツカーが登場予定

2010年にはホンダがまったく新しいハイブリッド・スポーツカーを登場させると宣言しています。2007年の東京モーターショーに出展されたCR－Zコンセプトは、その土台になるモデルと言われています。

現段階ではあくまでもコンセプトカーですが、その内容は相当に魅力的に映ります。その名を聞いて誰もが思い浮かべる往年のライトウェイト・スポーツカーであるCR－X。全長4メートルを少し超えただけのコンパクトなボディは、短く、そしてスパッと切り落とされたテールエンドや、そこにはめ込まれたガラスなど、その雰囲気を色濃く受け継いでいます。

メカニズムは基本的にインサイトに準じるものとなりそうです。つ

ホンダ・CR－Zコンセプト

まり1・3ℓエンジンにモーター1基を組み合わせたホンダIMAシステムを使うと思われますが、スポーツを謳う以上は、より走りに振ったものとなることは間違いありません。

それでも軽量コンパクトな特徴を活かせば、燃費だって健闘するはず。そのあたりのバランスのさせ方に、どうホンダらしさが加味されるかは注目です。

■世界のハイブリッド車　アメリカ編

トヨタがプリウスの発売を開始したのは1997年。その頃のヨーロッパやアメリカの自動車メーカーは「ハイブリッドは繋ぎの技術である」として、燃料電池車などのアピールを盛んに続けていました。

しかし現実的には、燃料電池車は未だ量産、市販には至っていません。そういう意味で、彼らが重大な読み違いをしていたことは否定できないでしょう。そんなヨーロッパやアメリカからも、ようやくここにきて続々とハイブリッド車が登場してきています。

アメリカのGMはサターン・ブランドにて、まずマイルドハイブリッド車を投入。そしてシボレー・ブランドの大型SUVであるタホ／サバーバン／シルバラード、GMCユーコン／シエラ、キャディラック・エスカレードなどに、ダイムラー、BMWと共同開発した、オートマチックトランスミッション内に2基のモーターを内蔵する2モード・ハイブリッドシステムを搭載したモデルを2008年に登場させました。

今やダイムラーとは別れたクライスラーも、同じ技術を用いたハイブリッド車を販売しています。クライスラー・アスペンとダッジ・デュランゴに設定されたハイブリッド仕様は、伝統の〝HEMI〟V型8気筒OHVエンジンとの組み合わせです。

いずれにせよエンジン自体が大きく、ハイブリッド効果で30％近い燃費向上を果たしたとはいえ、まだまだ燃費がいいと言えるレベルではありません。期待はプラグイン式、つまり家庭用電源で充電でき、しかもモーター走行を基本にエンジンを長距離走行用として補助的に用いるシステムを採用したGMボルトのデビューです。予定は2011年。GMにはぜひ持ちこたえてほしいところです。

フォードもエスケープとマーキュリーブランドで売られるマリナーに、ハイブリッド仕様を設定しています。これもSUVで、実はハイブリッドSUVは、この2台が世界初ということになります。ちなみに、この技術は日本のアイシンAWから供給されたもの。つまりプリウスと同じもので、エンジンはフォード製の2・3ℓとなります。

フォード エスケープハイブリッド

■世界のハイブリッド車　ヨーロッパ編

ヨーロッパ勢は、ようやく今年からハイブリッド攻勢を開始します。口火を切るのはメルセデス・ベンツ。第一弾として登場するのはS400ブルーハイブリッドです。V型6気筒3・5ℓエンジンと7速オートマチックトランスミッションの間に最高出力20psの電気モーターを挟み込んだシステムはシンプルなもの。それでも最高速250km／hの動力性能と186gという低CO_2排出量を両立させています。

バッテリーにリチウムイオン式を採用しているのもトピックです。コンパクトで大容量なこのバッテリーはエンジンルーム内に搭載されていて、室内空間や荷室を一切侵食しないのです。

S400ハイブリッドは日本にも近く導入される予定です。また、ハイブリッド車のフルラインナップ化を宣言しているメルセデス・ベンツは、GMやBMWなどと共同開発した2モード・ハイブリッドシステムを搭載したML450ブルーハイブリッドも用意しています。

BMWも、まずは7シリーズにハイブリッド車を設定する予定です。750iが積むV型8気筒4・4ℓ直噴ツインターボ・エンジンに、2モード・ハイブリッドシステムを組み合わせることで、燃費を15%ほど向上させているとされます。バッテリーは、こちらもリチウムイオン式です。アクティブハイブリッドと名付けられた、このモデルのデビューは年内を予定。そして2010年夏にも日本に上陸するとすでに発表されています。

2010年フルモデルチェンジ予定の新型トゥアレグにて、フォルクスワーゲンもいよいよハイブリッド車をデビューさせます。トゥアレグV6TSIハイブリッドは、その名の通りV型6気筒3ℓのTSI＝直噴スーパーチャージド・ユニットに8速AT、そして最高出力52psの電気モーターを組み合わせたものです。

特徴的なのは、エンジンとATの間に電気モーターを挟むホンダIMAなどと同じ構成ながら、クラッチ機構を採用することでモーターのみでの走行も可能にしていること。最大160km／hの速度までモーターのみでの走行が可能です。エンジンと電気モーターを組み合わせたシステムでの最高出力は374psにも達する一方、燃費は9ℓ／100km（リッターあたり約11・1ℓ）を達成しています。

このフォルクスワーゲンのハイブリッドシステムは、アウディそしてポルシェとの共同開発によるものです。つまり、これらのブランドにも基本的に同じシステムが随時採用されることになりま

メルセデス・ベンツ S400 ブルーハイブリッド

BMW 7 シリーズアクティブハイブリッド

す。アウディはＱ７、ポルシェはカイエン、そして新登場となるブランド初の４ドアセダン、パナメーラに搭載される予定です。

■プラグイン・ハイブリッド車――家庭でバッテリーを充電

今後の技術として大きな期待がかけられているのがプラグイン・ハイブリッド、そしてレンジエクステンダーＥＶです。

通常のハイブリッド車は、ブレーキ回生もしくはエンジンによって充電しますが、プラグイン・ハイブリッド車は、家庭用電源からバッテリーを充電することが可能です。エネルギー効率を考えた場合、電気を直接充電した方が効果的なため、よりエコロジカルだというだけでなく、夜間電力などを利用した場合にはエコノミーという面でも大きな効果を発揮します。

プラグイン・ハイブリッドの場合、これまでのハイブリッド車のようにエンジンを主として、電気モーターを補助的に使うのとは正反対の方法をとります。普段の走行はできるだけ電気モーターで行い、バッテリー容量が少なくなった時にエンジンに切り換えるのです。

よって今後、プラグイン化していくハイブリッド車は、電気モーターだけの力で走行するＥＶモードを備えるのはもちろん、バッテリー容量を拡大して電気モーターでの走行距離をできるだけ長くする方向に向かうはずです。市街地などでの走行感覚は電気自動車に近いものになるでしょう。長距離走行時だけ、エンジンによって走行するわけです。

このプラグイン・ハイブリッドは、当初北米のユーザーがトヨタ・プリウスを独自にモディファイしたものが注目を集めました。現在では、そのトヨタ自身、プラグイン仕様のプリウスを開発してテスト中。2010年から北米などで企業向けに販売するとされています。

またフォルクスワーゲンも、ゴルフにエンジンと2基のモーター、リチウムイオン電池を組み合わせてリッター当たり40㎞という低燃費を実現した試験車のゴルフ・ツインドライブを開発して、すでにドイツでは公道実証実験に供しています。

■エンジンを発電機として使うレンジエクステンダーEV

また、さらなる高効率化を考えた時には、長距離走行の際にも電気モーターの力で走るという方法があります。エンジンは車輪を直接駆動することはなく、発電機として電気をつくり出すことに使うのです。エンジンを常にもっとも効率の良い回転域で使えることから高効率性をより一層高めることが可能になります。

これをレンジエクステンダーEV、あるいはシリーズ・ハイブリッドと呼びます。完全なE

Vが普及するにはバッテリー性能の飛躍的な進化が必須ですから、現時点で考え得る現実的な近未来のクルマの動力源としては、これがもっとも可能性が高いと言えるでしょう。

GMが起死回生の切り札として開発しているボルトは、まさにこのレンジエクステンダーEVに当たります。搭載するリチウムイオンバッテリーはアメリカで標準的な電圧120Vなら8時間でフル充電でき、その電気だけで最大約64㎞を走行できます。バッテリー残量が少なくなるとエンジンを始動させますが、それでも一般的な使用状況で必要とする燃料代はガソリン車の約6分の1に過ぎないと言われています。

プラグイン・ハイブリッドは、ほかにもBMW、アストンマーティンのデザインチーフを務めたヘンリック・フィスカーが起こしたベンチャーであるフィスカー・オートモーティブのカルマが2009年中の販売開始を表明しています。EVほどインフラ整備頼みではないことから、こうした新興企業、あるいは小規模な企業にもチャンスがあるということかもしれません。

そういう意味では中国のBYDオートが、すでに2008年より世界初となるプラグイン・ハイブリッド車の販売を開始しています。この「F3DM」はトヨタ・カローラをそのままコ

GM ボルト

ピーしたような外観のボディに排気量1ℓのガソリンエンジン、大小2基のモーター、リチウムイオンバッテリーを搭載したもの。1回の充電で最大100㎞のモーター走行ができ、その後はエンジンと大きいほうのモーターの協調での走行となります。その際には小さいほうのモーターで充電も同時に行います。

このBYDオート、元はといえばバッテリーで知られたメーカーです。そのためクルマ自体はコピー車でエンジンも性能は高くないのですが、優れた電池と制御系のおかげで世界に先駆けて、プラグイン・ハイブリッドの販売に漕ぎ着けることができたというわけです。販売価格は14万9800元。ざっと200万円とされています。

■F1にもハイブリッド時代が到来!

ハイブリッド車と言えば、つまりはエコカーの話だとまだまだ思われがちですが、実は今やモータースポーツにまでハイブリッド化の波が押し寄せているということは、ファンの方ならご存知のことでしょう。そう、2009年からモータースポーツの最高峰、F1世界選手権の車両規則が改定されて、F1マシンにハイブリッド技術が投入されはじめたのです。

KERSと呼ばれるそれは「Kinetic Energy Recovery System」つまり運動エネルギー回

生システムのことを指しています。具体的には、これまでは制動時にブレーキによって熱に変換されていたエネルギーを回収して蓄えておき、再利用するというのが、そのあらまし。リアブレーキに搭載された回生ブレーキシステムによって回収したエネルギーを、1周あたり約6・7秒の間、約80psのエクストラとして加速力に充てることが可能になっています。

制動エネルギーによってモーター／ジェネレーターを回して、それを電気としてバッテリーに蓄えておき、必要な時にそれを駆動力としてエンジン出力にプラスするのです。これは、まさに私たちが普段慣れ親しんでいるハイブリッド車そのものと言えます。

ちなみに1周につき約6・7秒、約80psをプラスすることで得られる効果は、ラップタイムにして0・3〜0・5秒ほどと言われています。ただし、KERSのシステムは一説によると30kg以上の重量増に繋がるため、重量配分比の問題も含めて運動性能の面ではデメリットも生じます。よって実際のラップタイムに及ぼす効果がどれほどなのかは、コースなどの要素も含めて微妙なところと言えるでしょう。

しかしながら実際のレース中にKERSが追い越しのチャンスを増やすことは間違いありません。同じぐらいのラップタイムのマシンでも、直線でアドバンテージがあればストレートエンドで並ぶことが可能になるからです。

今後はこのKERS、搭載チームがさらに増えていくことになるでしょう。ル・マン24時間レースにもハイブリッド車が搭載しています。

■ハイブリッド車はエコカー減税メリットも大！

今、ハイブリッド車に限らずクルマを買おうとしている人すべてが熱く注目しているのが「環境対応車 普及促進税制」通称〝エコカー減税〟であることは間違いないでしょう。環境負荷の小さいクルマに関して自動車取得税、自動車重量税、そして自動車税（軽自動車税含む）を、その負荷の小ささの割合に応じて減額することで、環境に良いクルマを増やし、また消費を刺激しようというのが、そのあらましです。

具体的な対象車の条件として、まず平成17年排出ガス基準75％低減レベルを達成していることが求められます。これは、規制値に対してさらに排ガス中のＣＯ（一酸化炭素）とＨＣ（炭化水素）、ＮＯｘ（窒素酸化物）の濃度を75％まで低減した、つまり排ガスのひときわクリーンなクルマのこと。いわゆる４つ星のステッカーが、その目印です。

このクリーンさに加えて、低燃費を実現しているクルマが、エコカー減税の対象となります。減税内容は、平成22年度燃費基準＋15％もしくは＋20％を達成したクルマと、平成22年度燃費基準＋25％を達成したクルマの２段階が設定されています。

その中でも特に優遇されているのがハイブリッド車です。平成22年度燃費基準＋25％達成車で比較した場合、ハイブリッドではない自家用乗用車が自動車取得税75％軽減、自動車重量税75％軽減なのに対して、ハイブリッド車はそのいずれもが全額免除になるのです。

たとえば税込み車両価格189万円のホンダ・インサイトG。本来ならば必要な自動車取得税8万1000円、自動車重量税5万6700円の計13万7700円が減税額となります。

また、税込み車両価格205万円のトヨタ・プリウスLの減税額は、自動車重量税5万6700円、自動車取得税8万7800円の計14万4500円です。

高額なところを見ると、税込み車両価格1510万円のレクサスLS600hL後席セパレートシート・パッケージの場合、自動車重量税が9万4500円、自動車取得税が64万7100円の実に74万4600円の減税となるのです。

それだけではありません。すでに施行されているグリーン税制によって、ハイブリッド車を含む〝次世代自動車〟には、購入翌年度分の自動車税の50％軽減（端数は500円単位で切り上げ）も適用されます。インサイトの場合、本来ならば3万4500円必要なところ、1万7500円で済むということです。

■補助金という追い風まで吹いてきた

しかも、話にはまだ続きがあります。「環境対応車 普及促進対策費補助金」を活用することで、購入価格はさらに安く抑えられるのです。通称〝スクラップインセンティブ〟と呼ばれるこの制度を活用すると、新車登録から13年以上が経過したクルマを廃車にして、平成22年度燃費基準を達成した普通乗用車を購入すると、25万円の補助金が交付されます。

しかも、廃車にするクルマがない場合でも、平成17年排出ガス75％低減レベルを達成した上で平成22年度燃費基準＋15％以上の普通乗用車の新車を購入する場合にも、10万円の補助金が交付されるのです。現在、日本で販売されているハイブリッド車は、すべてこれに当てはまっています。これを活用して、たとえば手持ちの新車登録から13年以上経つクルマを下取りに出してトヨタ・プリウスLを購入すると、減税額14万4500円に補助金25万円を加えた、実に39万9500円が優遇されることになるのです。

しかも、購入翌年の自動車税も1万9500円に軽減されるのですから、これはもう40万円の値引きと考えてもいいでしょう。購入を検討していたならば、買わない理由はないと思えてしまいます。また、地方自治体でもエコカー購入者に補助金を用意しているところがあります。運良く、そこに住んでいたならば、賢く利用したいものです。

ただし、このスクラップインセンティブには条件があります。まずひとつめは、廃車対象となるクルマを過去1年以上使用していたこと。要するに補助金目当てに古いクルマを急遽見つけてくるというのは通用しません。また、この制度を利用してクルマを購入した場合には、初度登録後1年間、そのクルマを使用しなければなりません。

さらに、補助金向けとして用意された3700億円の予算がなくなり次第、制度は終了となります。とは言え、これだけの予算があれば政府の言うように100万台規模の補助が可能であることは確かです。

これらの減税や補助金については、原資はどこにあるのかなど突き詰めれば問題もないわけではありません。実は付加価値税でそのほとんどが回収できるドイツでの制度のようにうまく考えられているわけではなく、本当の意味ではばらまきでしかないのです。

しかしユーザーとしては、使わなければ当然損です。ハイブリッド車ライフを始めようと思うなら、積極的に活用してしまいましょう。

エコドライブは楽しい

エゴドライブにならないために

自分にとって、そして社会にとってエコで快適な運転が、
クルマとの新しい関係を作る

第4章

■ハイブリッド車の人気の秘密

この本を執筆している時点でも、例の金融危機に端を発する景気の悪化が始まってから、すでに結構な月日が経過しているのですが、依然としてトンネルの出口は見えてきません。しかしながら自動車販売に関しては明るいニュースも聞こえてくるようになってきました。言うまでもなくハイブリッド車人気の盛り上がりは、その筆頭に位置するものです。

2009年に入ってからのホンダ・インサイトのスマッシュヒット、レクサスRXの販売構成比に占めるハイブリッド仕様の割合の高さ、そして真打ちというべき3世代目となるトヨタ・プリウスの登場。自動車を取り巻くニュースのうちの明るいものは、ほとんどがハイブリッド車に関するものだと言っても過言ではないでしょう。

それにしても、なぜこれほどまでに今、ハイブリッド車に注目が集まっているのでしょうか。初代トヨタ・プリウスが登場したのは1997年。もう12年も前のことです。これまでもプリウスはコンスタントに売れていましたし、ガソリン価格が高騰した2008年にも販売台数は記録的なものとなっていました。決して、斬新なものだというわけではないのです。

では、なぜ今、ここにきてハイブリッド車が圧倒的なまでの人気を獲得するに至ったのか。まず考えられるのは、エコロジー意識の高まりです。だとすれば素晴らしいことですが、しかしおそらく、それだけではないでしょう。まったく違うとは言いませんし、環境意識がじわじわと高まっていることは確実です。でも、それが一番の理由だとは考えられません。

では、燃費に対する意識でしょうか。これについては、イエスと言っていいと思います。今は沈静化しているガソリン価格ですが、将来また上がっていかないとも限りません。

また、生活を防衛しなければという気分が、この不景気で皆にこれまで以上に蔓延しているというのも事実でしょう。抑えられる出費は抑える。特に通勤などのために日常的にクルマを使っている人にとっては、ハイブリッド車の好燃費が魅力に映るのは当然です。

■買う意味と価値のあるクルマ

ハイブリッド車がいよいよ多くの人にとって買い求めやすい価格になってきたという要素も、やはりあるのでしょう。ホンダ・インサイトが189万円からという価格で引き金を引き、それを新型プリウスが先代モデルよりはるかに安い205万円からという衝撃的な値づけで迎え撃ったことで、もはやハイブリッド車は少なくとも経済的な部分では特別な存在ではなくなったと言えます。

今までならば、同じようなサイズのクルマの価格に数十万円を足すほどの出費を覚悟しなければならなかったハイブリッド車が、もはやそれらと変わらない価格で買えるようになってしまったのですから、ここに人気が集中しないわけがありません。

一方で、同じような価格帯の非ハイブリッド車の売れ行きは、ぱったり止まってしまいました。ハイブリッド車をラインナップに持たないメーカー、つまり日本で言えばトヨタとホンダ以外の全メーカーにとっては、為す術なしの状況と言っても過言ではないでしょう。

しかし昨今のハイブリッド人気を何より牽引しているのは、それが多くの人にとって買う意味や価値のあるクルマだからではないでしょうか。あるいは、そうした意味や価値があると周囲にアピールしやすいクルマだ、という言い方もできるかもしれません。

クルマが売れないと言われて久しいですが、その理由として考えられるのは、あえて買うだけの動機づけが難しいクルマばかりだということが挙げられるように思います。極端な言い方をすれば、それを買えば人生が変わる、そんなクルマです。

そこまでいかなくても、クルマ観が変わったり、あるいはクルマで出かけるという体験が今までちょっと違ったものになる、そんなクルマだと言うこともできるでしょう。

速さやスポーティ感ではない満足感

プリウスやインサイトなどハイブリッド車を買うと、少なくともこれらを得ることができるはずです。たとえばアイドリング時にエンジンが停止する、その瞬間の感動は既存のクルマでは決して得られないものです。モーターアシストによる力強い発進も、あるいはモーターだけでの走行も同様でしょう。

そこにはあえてそのクルマを買う意味を見出すことができます。しかも燃費は良く環境にも優しいのですから、自分の買い物に満足感を得られますし、家族やご近所など周囲に対しても、なぜそのクルマを買ったのか買いたいのかを、改めて説明する必要がありません。

特にプリウスをはじめとするトヨタ／レクサスのハイブリッドは、こうしたハイブリッドらしさを色濃く味わうことができます。インサイトやシビックハイブリッドなどのホンダ車は、そのあたりがやや希薄なのが残念なところですが、それでもアイドリングストップなどは付いていますし、こちらも大事なイメージという要素は上々です。

もちろん燃費の良さは当然大きな特徴なのですが、それだけではここまで人気が高まるわけがありません。ハイブリッド車は、安くなったとはいえ、まだやっぱり高価な買い物です。単純に経済性だけで考えたならば、買い替えないのが一番に決まっているのです。

ハイブリッド車の人気の理由は、決して経済性だけではないのです。それは、実際に買われた方、買おうとして試乗などをされている方ならば、強く実感されているのではないでしょうか。

しかも、それは今までクルマがもたらしてきた走りの楽しさとは一線を画するものと言えます。つまり速さやスポーティさが第一義ではないのです。

飛ばさなくたって運転が楽しい！

これまで味わったことがない運転体験ができて、イメージが良くて、当然、燃費だって良い。それだけでもハイブリッド車という買い物は小さくない満足をもたらしてくれるでしょう。ですが、それだけではありません。ハイブリッド車のクルマと対話してそのポテンシャルを引き出す運転は、とにかく楽しいのです。

これまでエコなクルマと言ってイメージされるのは、できるだけ速度を出さないということを第一義に据えた、きわめて退屈な運転でした。アクセルペダルは常にそろっと踏み込み、じれったくてもガマンして、目的地までの到着時間が遅くなっても仕方がないと諦める。そんな風に思われてきたのです。

しかしハイブリッド車は違いました。普通に走らせても燃費が良い。ガマンが要らない。それどころか運転に楽しさをすら思い切り感じさせてくれるのです。

ここで言う楽しさとは、今までのクルマが与えてくれたものとはちょっと違います。単純な速さ、スポーティさではありません。それはクルマとの対話性とでも言うべきものです。スピードは遅くてもかまいません。プリウスなりインサイトなりの、すでに吊るしの状態でも十分に燃費が良いハイブリッド車を、さらに燃料消費を抑えて走らせるために何をするか。これは十分にエンターテインメントとなり得ます。

エコ＝退屈ではない

クルマの持っている潜在性能まで目一杯引き出せるように、クルマとしっかり対話して走らせていると、きっと今まで興味のなかった人にも「運転って結構頭を使うんだな」とか「運転って結構夢中になっちゃうな」などと感じてもらえるのではないでしょうか。

逆にこれまでクルマを楽しんできた人も、ベクトルは真逆であるにもかかわらず、クルマの性能をフルに引き出す運転の楽しさに頬を緩ませてくれるはず。そう確信しています。もはやエコ＝退屈ではないのです。

ただし、忘れてはいけません。ハイブリッド車の燃費性能を存分に引き出すこと、それだけに熱中して、アクセルをできるだけ踏まないようにということを意識し過ぎると、ついつい発進でもたついたり、加速が緩慢になったり、あるいは巡航速度が遅くなったりしてしまいがちです。それこそ、街中でリッターあたり50㎞なんて目指したりしたら、皆の迷惑になるのは目に見えています。

何度も書いてきたように、自分の燃費のことだけ考えて、流れ以上にクルマを遅く走らせていたら、実は周囲のクルマの、そして社会全体の燃費は確実に悪化します。そうではなく、皆が無駄な燃料消費を抑えられるようにと考えなければいけません。

仮に自分の燃費をちょっと犠牲にしても、周辺の交通社会全体がスムーズになるよう心がける。社会の一員であるドライバーとしては、ぜひそうありたいものです。

そもそも、遅く走ったら燃費が良かったというのでは、全然驚きがないじゃないですか！速くてスムーズ。それなのに燃費が良い。ハイブリッド車の価値を最大限に引き出す、そんな走りを目指しましょう。

■目指すはF1ドライバー？

ハイブリッド車を効率的に走らせることは、ある意味でF1ドライバーの運転にも似たところがあります。F1の場合、とにかく速くというのが、すべてのドライバーの目指すところで、極端な話、燃費のことなどまったく気にしていないと言っていいでしょう。

しかしながら、マシンの持てる力をフルに引き出すという意味では、どちらも大差ないとも言えます。そのベクトルがF1の場合は速さ、ハイブリッド車の場合は燃費だとでも言えるでしょうか。しかし、いずれにせよそこには同じような醍醐味があるはずです。

しかも、前に書いたように2009年からのF1世界選手権では、KERS＝運動エネルギー回生システムと呼ばれるハイブリッドシステムの搭載が可能となりました。さらに、2010年シーズンからはレース中の給油が廃止になりそうだと言います。つまりハイブリッド車を使って、できるだけ燃料補給を少なくしながら、しかし速さを競い合うレースへとF1を進化させていきそうなのです。

ハイブリッド車とF1マシンは今、精神的にこれまでにないほど近い関係にある。ちょっと大げさですが、そんな風に言ってもいいのかもしれません。

ハイブリッド車の場合は、毎日でもそれを公道上で、それも誰にも迷惑をかけることなくエンジョイすることができるというのがポイント。それこそ通勤の時にだって、家族サービスの最中だって、F1を操るのと変わらないほど真剣に運転に没頭できるのですから、こんな面白い話はありません。

目指すはF1ドライバーのような集中力と繊細さ。しかも、周囲の交通の流れにまで気を配りながら、一方でできる限り速く、あるいは滑らかに走らせる。そして、それによって自分だけでなく社会全体の燃料消費をできるだけ抑えられるようにと意識しながら……。

ハイブリッド車の価値を本当に引き出す使い方とは、まさにそういうものではないでしょうか。そこには、間違いなく歓びがあふれています。しかも当然、お財布にだって優しいのです。

■人とクルマの新しい時代を迎えよう

今、時代は間違いなくハイブリッド車を求めています。しかし、ただハイブリッド車に乗ってさえすればいいというわけではありません。燃料消費を抑えるためにも、環境問題に何らかの貢献をしようということでも、あるいはせっかく買ったクルマの価値を思い切り活かしてやろうという意味でも、その特性をフルに引き出すことのできる正しい運転術を身につけるのは、まさに必須と言えるのではないでしょうか。

確かにハイブリッド車は、これまで通りの走らせ方でも上々の燃費をマークすることができます。ですが、その特性を理解して、うまく引き出してやることで、効率をより一層高めることができるのです。

そして、そうした運転はスマートドライブにも繋がります。丁寧に正確に、周囲をよく見て協調しての運転は、ハイブリッド車の特性を効果的に引き出すのみならず、周囲にとって、さらには社会全体にとって、エコで、快適で、そして楽しいものになるはずです。

皆がそういう運転を心がけることで、交通環境はもっと優しいものになるのではないでしょうか。事故だって間違いなく減るでしょう。もちろんハイブリッド車以外にも同じように当てはまる話ではあるのですが、あえてハイブリッド車を選んだ、あるいは選ぶつもりのドライバーの方には、より強くそういう意識をもってほしいと切に思います。すべてのドライバーを、この交通社会をリードする立場なのだというぐらいの意気込みで……。

そう、まさにエコロジーやエコノミーに繋がるだけでなく、クルマとの新しい関わり方まで、もたらされようとしているのが今という時代だと言えます。その引き金を引いたのはハイブリッド車。この本に書いたような正しい運転で、人とクルマの新しい時代を気持ち良く迎えようじゃないですか！

究極《きゅうきょく》のエコドライブを始《はじ》めよう

極楽《ごくらく》ハイブリッドカー運転術《うんてんじゅつ》

初版発行　2009年7月10日
著者　島下泰久
発行者　黒須雪子
発行所　株式会社　二玄社
〒101-8419
東京都千代田区神田神保町2-2
営業部　〒113-0021 東京都文京区本駒込6-2-1
東京都文京区駒込6-2-1
電話 03-5395-0511
装幀・本文デザイン　黒川デザイン事務所
印刷　平河工業社
製本　越後堂製本

ISBN 978-4-544-40038-0

二玄社好評既刊

ラクして節約、鼻歌でエコ

極楽
ガソリンダイエット

島下泰久

燃費が20%よくなる
運転術がある!?
世にはびこる偽りの
エコドライブを一刀両断!
乗って楽しく環境にもやさしい
低燃費の方程式を、
“燃費王” 島下泰久が伝授する。

序章	エコドライブ革命宣言! 「ふんわりアクセル」なんてインチキだ
第1章	あなたのエコ運転は、実はエゴ運転! 「ゆっくり走る」のはエコじゃない
第2章	「クルマに乗るな!」では何も解決しない モビリティの権利を捨てられますか?
第3章	ガソリンダイエット運転術——基礎編 運転の仕方を変えるだけで、燃費はこんなによくなる!
第4章	ガソリンダイエット運転術——応用編 さらに燃費を良くしたい人のための、上級テクニック
第5章	なぜエコドライブが必要なのか? 環境問題、エネルギー問題の基礎知識
第6章	「スマートドライブ」を始めよう 優しい運転がエコにつながる
終章	「自分内排出権取引」のススメ クルマ好きだからこそ、エコドライブを